BASTGEN | SCHRÖDER | ZURLUTTER

WELCHE ESSBARE WILDPFLANZE — IST DAS ?

KOSMOS

Mehr entdecken, mehr verstehen

DAS KOSMOS VERSPRECHEN

Expertenwissen seit 1822

Welches Thema dich auch begeistert – auf unsere Expertise kannst du dich verlassen. Und das schon seit über 200 Jahren.

Unser Anspruch ist es, dich mit wertvollem Rat zu begleiten, dich zu inspirieren und deinen Horizont zu erweitern.

BEGEISTERUNG DURCH KOMPETENZ

Unsere Autorinnen und Autoren vereinen professionelles Know-how mit großer Leidenschaft für ihre Themen.

WISSEN, DAS DICH WEITERBRINGT

Leicht verständlich, lebensnah und informativ für dich auf den Punkt gebracht.

SACHVERSTAND, DEN MAN SEHEN KANN

Mit aussagestarken Fotos, Zeichnungen und Grafiken werden Inhalte besonders anschaulich aufbereitet.

QUALITÄT FÜR HEUTE UND MORGEN

Dafür sorgen langlebige Verarbeitung und ressourcenschonende Produktion.

Du hast noch Fragen oder Anregungen?
Dann kontaktiere unsere Service-Hotline: 0711 25 29 58 70
Oder schreibe uns: kosmos.de/servicecenter

Inhalt

Wie bestimme ich mit dem Kosmos-Farbcode?

Blüten mit höchstens 4 Blütenblättern

Von Weißes Wiesen-Labkraut
bis zum Breitblättrigem Rohrkolben

▸ **Seite 18 – 43**

Gruppenporträts

Blüten mit 5 Blütenblättern

Vom Wiesen-Storchschnabel
bis zum Breitblättrigen Acker-Vogelknöterich

▸ **Seite 44 – 84**

Gruppenporträts

Blüten mit mehr als 5 Blütenblättern

Vom Bär-Lauch bis zum Gelben Wau

▸ **Seite 85 – 113**

Gruppenporträts

Blüten zweiseitig symmetrisch

Vom Schmalblättrigen Hohlzahn
bis zum Wilden Stiefmütterchen

▶ **Seite 114 – 140**

Gruppenporträts

Blüten unscheinbar/keine

Vom Großen Sauerampfer
bis zum Gewöhnlichen Tüpfelfarn

▶ **Seite 141 – 155**

Gruppenporträts

Sträucher und Bäume

Von der Schwarzen Krähenbeere
bis zur Gewöhnlichen Wald-Kiefer

▶ **Seite 156 – 199**

Giftpflanzen

Vom Schöllkraut bis zur Europäischen Eibe

▶ **Seite 204 – 227**

Wie bestimme ich Pflanzen?

Pflanzenaufbau

Zur Bestimmung von Wildpflanzen ist es hilfreich, einige botanische Merkmale zu kennen, anhand derer man unterschiedliche Pflanzen sicher unterscheiden kann. Trotz ihrer sehr unterschiedlichen Erscheinungsformen folgen alle Pflanzen einem prinzipiellen Aufbau.

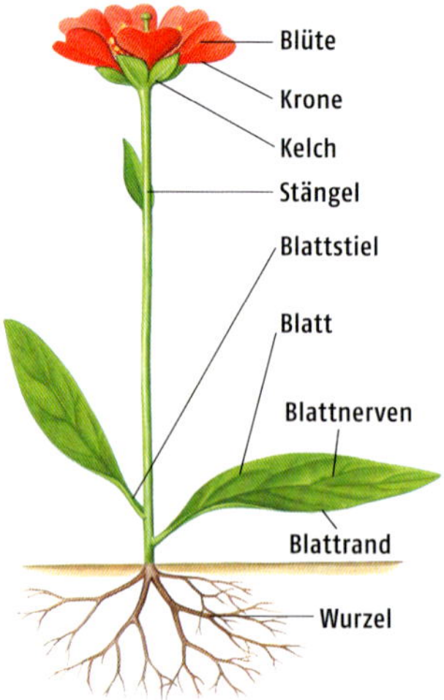

Wuchsform

Die Wuchsform kennzeichnet die Struktur und Form einer Pflanze. Man unterscheidet dabei krautige Pflanzen (einjährige, zweijährige bis ausdauernde Pflanzen, die nicht verholzen), Halbsträucher (ausdauernde Pflanzen, die teilweise verholzen), Sträucher (ausdauernde Gehölze ohne einen Stamm als Hauptachse) und Bäume (Gehölze mit einem dominierenden Zentralstamm).

Typische Wuchsformen krautiger Pflanzen

Typische Wuchsformen verholzter Pflanzen

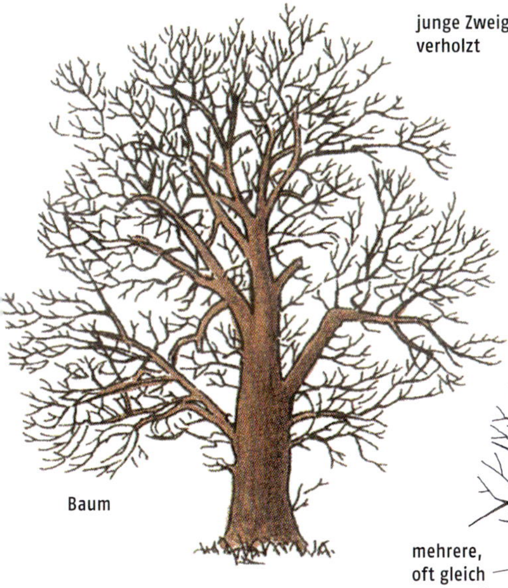

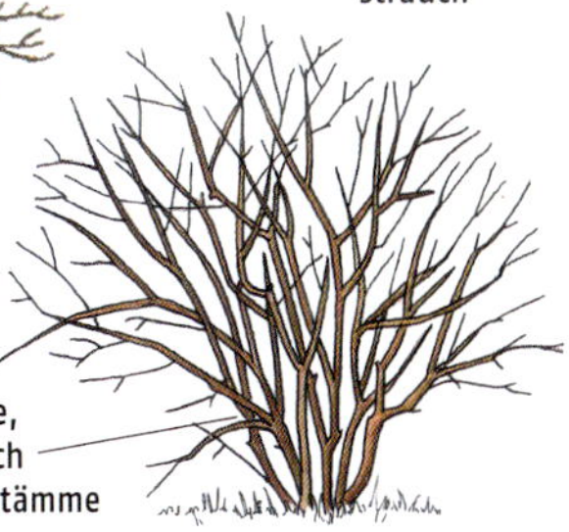

Blütenaufbau

Auch wenn sich die zahlreichen Blüten in ihrem Aussehen sehr unterscheiden, lässt sich ein grundlegender Aufbau erkennen. So setzt sich eine Blüte aus folgenden Elementen zusammen, die aber nicht immer alle vorhanden sein müssen.

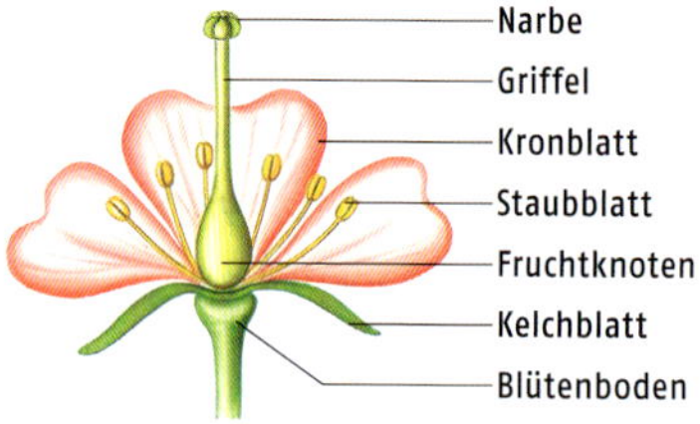

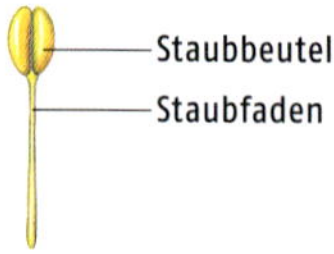

Blütenform

Neben der Blütenfarbe ist die Blütenform ein wichtiges Bestimmungsmerkmal. Dabei erfolgt eine grundlegende Unterscheidung nach vorliegenden Symmetrieverhältnissen (regelmäßige Wiederholung von gleichen oder ähnlichen Blütenelementen). Am häufigsten kommen Pflanzen mit radiär-symmetrischen oder zygomorphen Blüten vor. Wesentlich seltener treten bilateral-symmetrische und asymmetrische Blüten auf.

Blüten ohne Symmetrieachse (asymmetrisch)

z.B. die Baldrianblüte

Blüten mit einer Symmetrieachse (zygomorph)

Schmetterlingsblüte

Lippenblüte

Blüte mit Sporn

Orchideenblüte

Helmblüte

Blüten mit zwei Symmetrieachsen (bilateral-symmetrisch)

4-zählige Blüten

Blüten mit mehr als zwei Symmetrieachsen (radiär-symmetrisch)

5-zählige Blüten

5-zählige Blüten verwachsen, z. B. glockig

Zungenblüten

Röhrenblüten

6-zählige Blüten

gefüllte Blüten

Blütenstände

Viele Pflanzen besitzen nicht nur eine Blüte, sondern bilden Blütenstände aus mehr oder weniger zahlreichen Einzelblüten. Als Blütenstand wird der Blüten tragende Teil des Sprosssystems (verzweigt oder unverzweigt) angesehen, der vom vegetativen Bereich der Pflanze deutlich abgesetzt ist. Da sich die Anordnung der Blüten stark unterscheidet, ist der Blütenstand ein wichtiges Bestimmungsmerkmal.

Einzelblüte

Blütenkörbchen – nur Zungenblüten

Blütenkörbchen – nur Röhrenblüten

Blütenköpfchen

Blütenkörbchen – Zungenblüten und Röhrenblüten

Ähre

Kolben

Traube

Rispe

Dolde

zusammengesetzte Dolde

Quirl

Kätzchen

Zapfen

Sporen

Blätter

Weitere wichtige Hinweise zur Bestimmung einer Pflanze liefern die unterschiedlichen Blattmerkmale. Auch wenn Blätter sehr vielgestaltig sind, folgen sie einem prinzipiellen Aufbau.

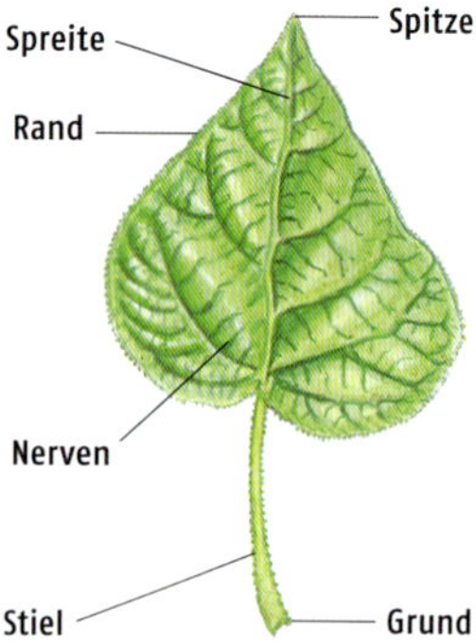

Blattstellung und Blattansatz

Wichtige erste Bestimmungsmerkmale liefert die Anordnung der Blätter am Stängel der Pflanze und die Art und Weise, wie Stängel und Blattstiel verwachsen sind.

Blattstellung

wechselständig: die Blätter stehen einzeln auf unterschiedlichen Höhen

gegenständig: 2 Blätter stehen sich auf gleicher Höhe gegenüber, bzw.

kreuzgegenständig: die einzelnen Blattpaare stehen rechtwinklig zueinander

quirlständig: es stehen mehr als 2 Blätter auf gleicher Höhe

grundständig: alle Blätter entspringen scheinbar dem Boden, sie bilden meist eine Rosette

in Gruppen: mehrere Blätter stehen in Ansammlungen

Blattansatz

gestielt: das Blatt besitzt einen Stiel

sitzend: das Blatt besitzt keinen Stiel

umfassend: die Basis der Blattspreite greift um den Stängel

verwachsen: die Blattspreiten gegenständiger Blätter sind miteinander verwachsen

herablaufend: die Blattspreite läuft am Stängel herab

mit Blattscheide: der Stielgrund umhüllt den Stängel

Blattform

Die grundlegende Form eines Blatts kann sehr unterschiedlich sein, lässt sich aber zu einigen Grundformen zusammenfassen.

Nadel- oder schuppenförmige Blätter

nadelförmig

schuppenförmig

Einfache Blätter

Einfache Blätter bestehen aus einem Blattstiel und einer geschlossenen Blattspreite.

linealisch

lanzettlich

rundlich oval

eiförmig

dreieckig

herzförmig

nierenförmig

Zusammengesetzte Blätter

Zusammengesetzte Blätter bestehen aus einem Hauptblattstiel, an dem mehrere Fiederblätter ansetzen.

3-zählig

paarig gefiedert (ohne Endblatt)

unpaarig gefiedert (mit Endblatt)

mehrfach gefiedert

gefingert

Blattrand

Ein weiteres wichtiges Bestimmungsmerkmal stellt die Ausgestaltung des Blattrands eines Blatts bzw. des einzelnen Fiederblatts bei zusammengesetzten Blättern dar.

ganzrandig

gekerbt

gezähnt

gesägt

gelappt

gebuchtet

gewellt

Früchte

Weitere Anhaltspunkte zur Bestimmung einer Pflanze können deren Früchte und Samen liefern. Prinzipiell bilden nur Bedecktsamer (z. B. alle Getreidearten und Obstbäume) Früchte aus, während die Nacktsamer (z. B. alle Nadelbäume) nur Samen ausbilden. Auch die Vielzahl der Früchte lässt sich zu einigen Grundkategorien zusammenfassen.

Zerfallfrüchte

Spaltfrucht: jede Teilfrucht entspricht einem Fruchtblatt, sie zerfällt bei Reife entlang von echten Scheidewänden

Klausenfrucht: jede Teilfrucht besteht aus Teilen eines Fruchtblatts, sie zerfällt bei Reife entlang von echten und falschen Scheidewänden, 2 Fruchtblätter zerfallen zu 4 Teilfrüchten

Streufrüchte

Balgfrucht: 1 Fruchtblatt, das mit einer Bauchnaht verwächst, öffnet sich an der Bauchnaht

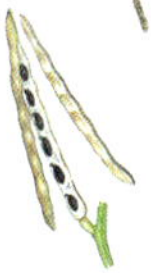

Schote: 2 oder 4 verwachsene Fruchtblätter, oft mit Scheidewand

Hülsenfrucht: 1 Fruchtblatt, das mit einer Bauchnaht verwächst, öffnet sich an Bauch- und Rückennaht (die Mittelrippe des Blatts)

Kapselfrucht: 2 oder mehr verwachsene Fruchtblätter, viele Öffnungsmechanismen

Schließfrüchte

Beere: fleischige Fruchthülle, enthält meistens mehrere Samen

Nussfrucht: Fruchthülle verhärtet, meist einsamig, Fruchthülle und Samen oft untrennbar

Steinfrucht: äußere Fruchthülle fleischig, innere Fruchthülle verhärtet, meist einsamig

Sammelfrüchte

Sammelfrüchte bestehen aus vielen einzelnen Früchtchen, die zusammen die Gestalt einer Einzelfrucht annehmen. Sie werden nach ihren zugrundeliegenden Einzelfrüchten benannt.

Apfelfrucht: Sonderform der Sammelbalgfrucht – die Bälge sind nicht freistehend

Sammelsteinfrucht

Sammelnussfrucht

Sammelbalgfrucht

Zapfen

Genau genommen stellt der Zapfen keine Frucht dar, sondern ist ein mehr oder weniger verholzter weiblicher Blütenstand, der die ausgereiften Samen enthält.

Zapfen

Hinweise zum Sammeln

Beim Sammeln und beim Verwenden von Wildpflanzen sollten immer einige Grundregeln eingehalten werden.

Das Wichtigste vorneweg: Es ist untersagt, Pflanzen in Gebieten zu sammeln, die dem Naturschutz unterliegen. In einigen Gebieten (Landschaftsschutz) ist das Sammeln für den »privaten Gebrauch« (Handstraußregel, siehe BNatSchG §39, III), zulässig. Da es jedoch keine europaweit einheitlichen Regelungen gibt, ist es unbedingt notwendig, sich über vor Ort gültige Regelungen zu informieren. Gefährdete oder geschützte Arten dürfen nicht geerntet werden. Welche Pflanzen davon betroffen sind, ist ebenfalls regional unterschiedlich geregelt. Auskunft hierüber erteilen die jeweilig zuständigen Naturschutzbehörden. Möchte man gefährdete Arten verwenden, kann das ein Anreiz sein, solche Arten im eigenen Garten anzubauen und somit zum Arterhalt beizutragen. Das Ausbringen von Arten in der freien Natur unterliegt wieder gesetzlichen Regelungen, z. B. dem Bundesnaturschutzgesetz § 40, IV. Einige Arten, die hier nicht ursprünglich vorkommen, sind sehr konkurrenzstark und können sich daher sehr schnell ausbreiten. Diese Pflanzen sollten deshalb nicht im eigenen Garten oder in der freien Natur angebaut werden. Ebenfalls muss beachtet werden, dass es in einigen Gebieten bzw.Ländern nicht nur Listen mit geschützten Arten gibt, sondern auch Listen mit Arten,

Gesammelt werden darf nur, was man genau bestimmen kann.

deren Weiterverbreitung nicht erwünscht bzw. untersagt ist. Auch hierüber geben die entsprechenden Naturschutzbehörden Auskunft.

Um unangenehme Überraschungen zu vermeiden, sollten nur Pflanzen gesammelt werden, die sicher bestimmt werden können. Daher finden Sie in diesem Buch eine Auflistung der wichtigsten Giftpflanzen (ab S. 254), die Sie unbedingt kennen sollten, um eine Verwechslung auszuschließen. Bei manchen Pflanzenarten ist zusätzlich eine bestimmte Zubereitung nötig, um die Bekömmlichkeit sicherzustellen. Allerdings können sowohl die aufgeführten Pflanzen als auch die Zubereitungshinweise in diesem Buch keinem Anspruch an Vollständigkeit genügen.

Möchte man die gesammelten Pflanzen zur Nahrungszubereitung nutzen, sollte man nur an von Umweltgiften, Abgasen, Hundeurin usw. unbelasteten Standorten sammeln. Außerdem sollte immer nur so viel gesammelt werden, wie tatsächlich benötigt und verarbeitet wird.
An einem Standort darf nur so viel geerntet werden, dass die Pflanze dadurch nicht in ihrem Bestand gefährdet wird. Dies ist besonders beim Sammeln von Blüten und Wurzeln zu beachten, um eine weitere Vermehrung sicherzustellen. Die Rinde von Bäumen sollte nur bei dringendem Bedarf (Notsituation) beschädigt bzw. verwendet werden, da hierdurch die ganze Pflanze sterben kann.

Wildpflanzen werden am besten an trockenen Tagen am späten Vormittag geerntet, da ihr Aroma dann am intensivsten ist. Generell sammelt man junge Triebe und Blätter am besten im Frühling. Blüten sollten gerade aufgeblüht sein. Wildfrüchte sind in der Regel dann am geschmackvollsten, wenn sie voll ausgereift sind. Manche Früchte benötigen sogar Frost, um ihren Geschmack zu entfalten. Dies kann man aber auch in der Gefriertruhe simulieren. Wurzeln sind im Herbst zu ernten, da sie dann am gehaltvollsten sind. Bei zweijährigen Pflanzen sollte man die Wurzel im Herbst des ersten Jahres oder spätestens im zweiten Frühjahr verwenden, da sie stark verholzen, sobald die Blüte austreibt.

Um den Verlust wichtiger Inhaltsstoffe zu vermeiden, sollte man die gesammelten Pflanzen schnellstmöglich verarbeiten. Außerdem ist darauf zu achten, dass das Sammelgut beim Transport nicht beschädigt wird. Hierfür eignen sich Körbe, Papiertüten oder Stoffbeutel. Plastiktüten sollte man vermeiden, da sich in ihnen schnell Stocknässe bildet und das Sammelgut verdirbt.

DIE ESSBAREN — PFLANZEN

Labkräuter und Waldmeister *(Galium)*: Seite 19–21

Die Gattung der Labkräuter und Waldmeister gehört zu der Familie der Rötegewächse. Sie sind vorwiegend im tropischen Klimabereich beheimatet. In Mitteleuropa ist nur die Gattung der Labkräuter weit verbreitet. Eine Verwechslungsgefahr besteht nur mit anderen Labkräutern, die alle essbar sind. Der Name Labkraut geht auf die Verwendung der Pflanzen als Säuerungsmittel bei der Käseherstellung zurück. Auch der wissenschaftliche Name *Galium* (griechisch *gala* = Milch) leitet sich davon ab.
Die Stängel sind aufrecht oder kletternd und 4-kantig. Die Blätter sind in 4–12 Scheinquirlen angeordnet, meist sitzend und nur selten gestielt. Die Blüten stehen einzeln oder zu vielen in einem einfachen oder verzweigten, rispenförmigen Blütenstand. Der Blütenstiel kann sich bis zur Fruchtreife verlängern, ist jedoch meist kurz bis fehlend. Die sternförmigen Blüten haben jeweils 4 Kronblätter (selten 3 oder 5), die zu einer trichterförmigen Kronröhre verwachsen sind. Mitunter ist die Kronröhre so kurz, dass die Kronblätter unverwachsen wirken. Die meist 4 Staubblätter entspringen aus der Basis der Kronröhre. Die Blütenkrone wird von 2 bis oben hin freien oder verwachsenen Griffeln überragt.

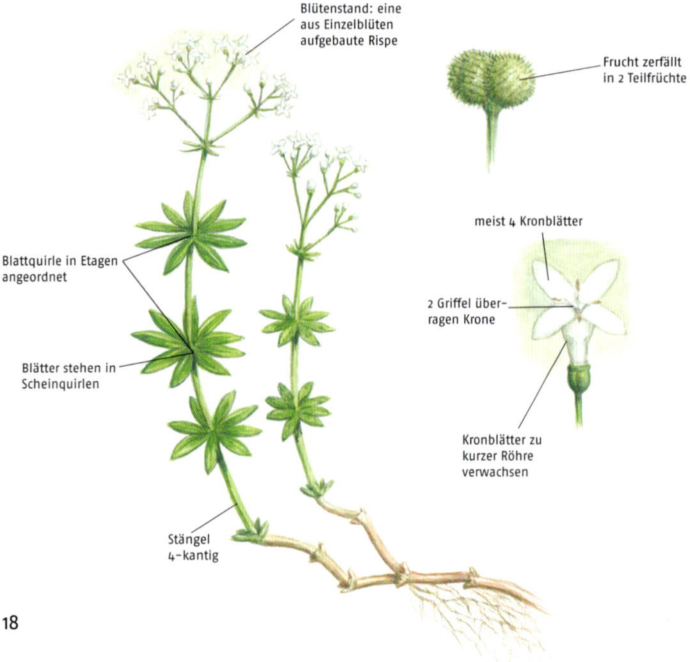

Weißes Wiesen-Labkraut

Galium album subsp. *album* (Rötegewächse)

H 25–150 cm Juni–Sept. Staude

Die salatartig schmeckenden Frühlingstriebe sind eine milde Salatgrundlage, später sind sie eher als Würzkraut zu verwenden. Sie eignen sich auch gut in Pestos, Kräuterdips oder Gemüsegerichten. Die aromatischen Blüten duften honigsüß und eignen sich als Dekoration für Süßspeisen, Salate oder Kräuterlimonaden.

***Vorkommen** Eurasien. Wiesen, Halbtrockenrasen, Gebüsche, Waldsäume, Wegränder. Eher trockene, nährstoffreiche Böden.*

Sammelzeit

> *Triebe: April–Mai*
> *Blüten: Juni–Sept.*

Kletten-Labkraut

Galium aparine (Rötegewächse)

H 60–200 cm Juni–Okt. einjährig

Das Kraut mit seinem salatartigen Geschmack lässt sich für Smoothies, roh im Salat oder gedünstet in Gemüsen verwenden. Getrocknet passt es gut in Teemischungen. Die kleinen Blüten schmecken mild. Die getrockneten, stark gerösteten und gemahlenen Samen schmecken ähnlich wie Kaffee.

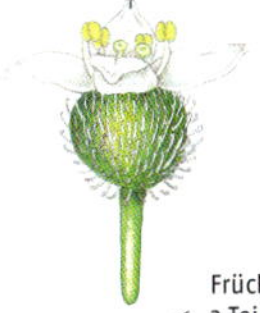

Mit ihren Haaren bleibt die Pflanze fast überall haften, ähnlich einem Klettverschluss.

***Vorkommen** Europa. Hecken, Waldränder, Ufer, Äcker, Schuttstellen.*

Sammelzeit

> *Blätter/Triebspitzen: Mai–Aug.*
> *Blüten: Juni–Okt.*
> *Samen: Sept.–Okt.*

Kleinblütiges Wiesen-Labkraut

Galium mollugo (Rötegewächse)

H 25–100 cm Mai–Sept. Staude

***Vorkommen** Europa. Hecken, Waldränder, Ufer, Äcker, Schuttstellen. Feuchte, nährstoffreiche, lehmige Böden.*

Sammelzeit
> *Triebe: April–Mai*
> *Blüten: Mai–Sept.*

Mit der Wurzel lassen sich Ostereier in Rottönen färben. Die Frühlingstriebe haben eine nussige Note und sind eine milde Grundlage für Salate oder Smoothies. Sie lassen sich auch gut zu Pestos, Kräuterdips oder Gemüsegerichten verarbeiten. Die aromatischen Blüten eignen sich für Tee, aromatisieren Kräutergetränke oder dekorieren Süßspeisen.

Echtes Labkraut

Galium verum (Rötegewächse)

H 30–60 cm Juni–Sept. Staude

***Vorkommen** Europa. Schuttmagere Wiesen und Weiden, Böschungen, Wegränder, Moorwiesen.*

Sammelzeit
> *Triebspitzen: April–Juni*
> *Blüten: Juni–Sept.*
> *Samen: Aug.–Okt.*

Das in der Pflanze enthaltene Lab-Enzym Chymosin wurde in der Käseherstellung zur Milchgerinnung eingesetzt. Die Färbung des englischen Chesterkäses erfolgte traditionell mit diesem Kraut. Die Blüten haben ein ausgeprägtes Aroma und lassen sich zu einem Blütengelee verarbeiten. Die gerösteten Samen werden als Kaffeeersatz aufgebrüht. Die Triebe schmecken mild salatartig.

Waldmeister

Galium odoratum (Rötegewächse)

H 15–30 cm Mai–Juni Staude

Vorkommen *Mitteleuropa. Laub- und Mischwälder.*

Sammelzeit

> *Blätter: April–Juni*
> *Blüten: Mai–Juni*

Das Kraut wird zur Herstellung von Süßspeisen vor der Blüte verwendet. Das typische Waldmeister-Aroma wird erst durch Anwelken oder Trocknen freigesetzt. Um Milch, Saft, Wasser oder Wein zu aromatisieren, lässt man das angewelkte Kraut 6–12 Stunden darin ziehen und nimmt es dann wieder heraus. So können Puddings, Götterspeise, Eis, Bowle, Limonaden und andere Getränke mit Waldmeistergeschmack zubereitet werden. Für einen aromatischen Kräuterwein legt man die vanilleartig süß schmeckenden Blüten 12 Stunden in Wein ein.

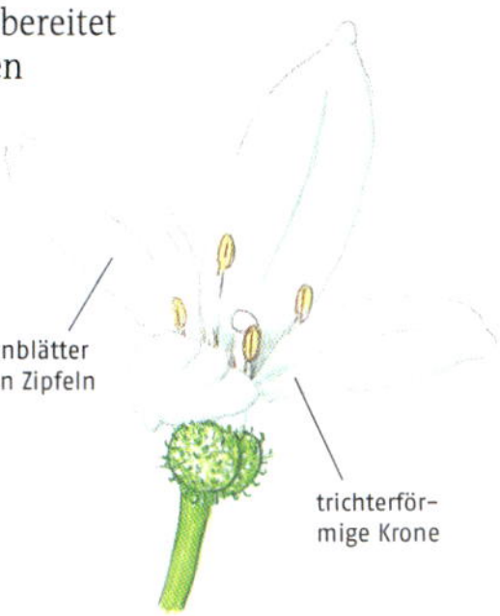

Die Verwendung von Waldmeister hat eine lange Tradition. Der Aromastoff Cumarin kann in hohen Dosen zu Übelkeit und Kopfschmerzen führen, daher sollte man ihn nur in geringen Mengen verzehren (3 g Kraut pro Liter Flüssigkeit).

Kreuzblütler *(Brassicaceae)*: Seite 24–35

Die Pflanzenfamilie der Kreuzblütler mit ihren weltweit ca. 3000 Arten ist hauptsächlich in den außertropischen Gebieten verbreitet und dringt in den Hochgebirgen und in der Arktis bis an die Grenzen der Vegetation vor. Es sind krautige Pflanzen mit wechselständigen, ganzrandigen, gefiederten, gefingerten, fiederspaltigen oder tief eingeschnittenen Blättern ohne Nebenblätter. Manche Arten haben eine grundständige Blattrosette. Die Blüten sind traubig angeordnet. Viele Arten sind unscheinbar und werden nur wenige Zentimeter groß. Manche, wie der Raps oder der Meerrettich, erreichen 1,5 m Höhe. Zur Familie der Kreuzblütler gehören alle Kohlarten – eine unserer wichtigsten pflanzlichen Nahrungsquellen. Alle haben einen stechend scharfen Geruch, den sie den schwefelhaltigen, sogenannten Senfölglykosiden verdanken. Es ist der typische Geruch von Kohl, Kresse, Raps oder Rettich.

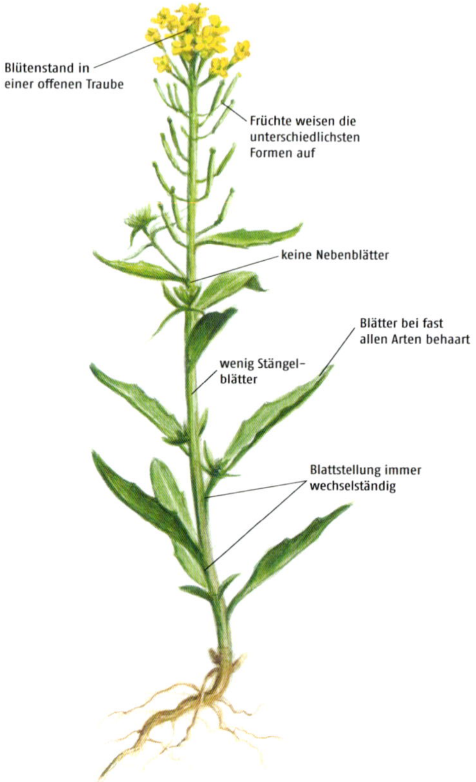

Ihren Namen hat diese Familie von ihren kreuzweise angeordneten, nicht miteinander verwachsenen Blütenblättern. Die 4 Kelchblätter stehen kreuzweise versetzt zu den 4 Kronblättern. Dieser einheitliche und charakteristische Blütenaufbau kommt bei keiner anderen Pflanzenfamilie vor. Typisch ist auch die Frucht. Sie entwickelt sich aus 2 verwachsenen Fruchtblättern. In der Mitte wird eine dünne Scheidewand gebildet, an der sich die Samen bilden. Die Scheidewand bleibt nach dem Herausfallen der Samen erhalten. Es gibt 2 Fruchtformen. Je nach Verhältnis zwischen Länge und Breite unterteilt man die Früchte in Schoten (Frucht 3-mal so lang wie breit) und Schötchen (Frucht weniger als 3-mal so lang wie breit).

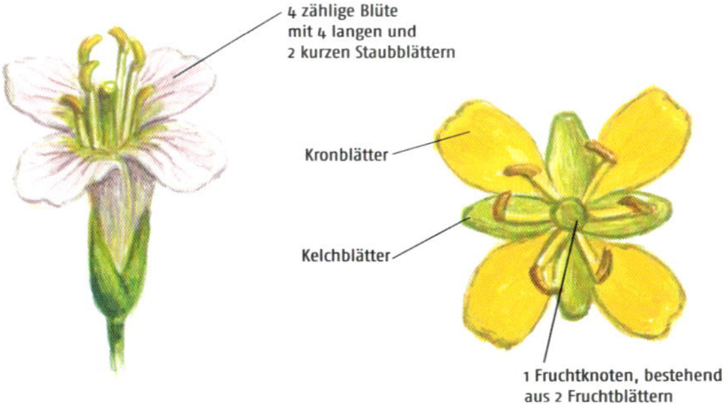

Giftpflanzen in der Artengruppe: Lediglich die Gattung der Schöteriche *(Erysimum)* enthält herzaktive Glykoside. Zu ihnen gehört auch der Goldlack *(Erysimum cheiri)*, eine bekannte Zierpflanze. Essbare Kreuzblütler-Arten haben einen runden oder ovalen Schotenquerschnitt, die der giftigen Schöteriche einen 4-eckigen Querschnitt.

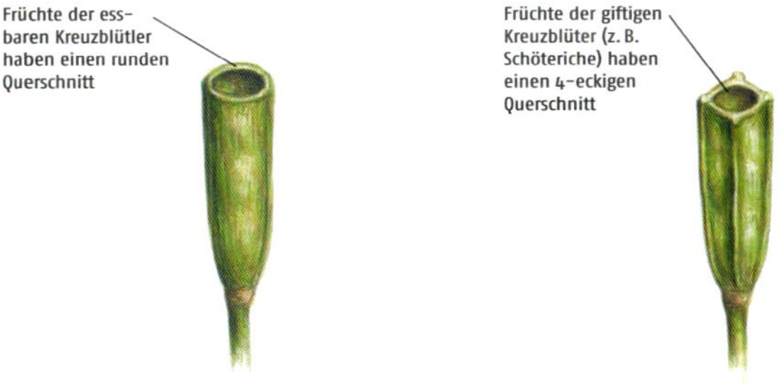

Wiesen-Schaumkraut

Cardamine pratensis (Kreuzblütler)

H 10–60 cm April–Mai Staude

Vorkommen *Europa. Feuchte Mähwiesen, Auwälder, Ufer, Moorwiesen. Kühle, nährstoffreiche Böden.*

Sammelzeit
- > *Wurzeln und junge Pflanzen: März–April*
- > *Blüten: April–Mai*
- > *Samen: Aug.–Sept.*

Die Vitamin-C-reichen jungen Pflanzen schmecken kresseartig bitter und werden vor der Blüte in Salaten, Suppen und Mischgemüsen verwendet. Die Blütenknospen eignen sich für Kräuterquark, Salate und Pesto. Die Blüten haben ein senfartiges Aroma und sind eine wundervolle Dekoration für herzhafte Speisen. Die jungen, im Frühjahr noch elastischen Wurzeln dienen frisch als scharfes Gewürz. Die getrockneten Samen sind wie Pfeffer oder zermörsert und mit Salz und Essig verfeinert wie Senf zu verwenden. Frisch sind sie ein ausgezeichneter Brotbelag.

Bitteres Schaumkraut

Cardamine amara (Kreuzblütler)

H 10–60 cm April–Juni Staude

Das junge Kraut mit seinem scharfen, bitteren Geschmack passt als Gewürz in Salate, Suppen, Gemüse, Kräuterquark oder klein geschnitten auf Brot. Die Blütenknospen eignen sich für Kräuterquark, Salate und Pesto. Mit ihrem senfartigen Geschmack sind die Blüten eine schöne Dekoration für herzhafte Speisen. Die reifen Samen haben eine pfeffrige Note und eignen sich besonders als Backzutat in Brot oder zur Herstellung von Senf.

Die Art ist in vielen Gebieten geschützt. Dort ist die Wildsammlung verboten.

Vorkommen *Europa. Quellflure, Waldsümpfe, Bachufer. Nährstoffreiche, lehmig-tonige Böden.*

Sammelzeit

- *junge Pflanze: März–April*
- *Knospen/Blüten: April–Juni*
- *Samen: Juli–Aug.*

Viermänniges Schaumkraut

Cardamine hirsuta (Kreuzblütler)

H 7–30 cm März–Juni einjährig

Von der auch als Behaartes Schaumkraut bekannten Pflanze sind die Grundrosettenblätter schon ab März zu finden. Mit ihrem kresseartigen Geschmack sind sie – gehackt auf Butter- oder Käsebrot gestreut, in Salat oder als Würze – eine ergiebige Vitaminquelle. Die feinen scharfpfeffrigen Wurzeln eignen sich roh, die Samen frisch oder getrocknet zum Würzen von herzhaften Speisen. Die Blüten schmecken senfartig.

Knospen, Blüten und Blütenstängel eignen sich fast ganzjährig als Beigabe und Dekoration für würzige Speisen.

Vorkommen *Europa. Gern im Halbschatten von Schleier- oder Krautgesellschaften.*

Sammelzeit

- *junge Pflanze: März–Mai*
- *Knospen/Blüten: April–Mai*
- *Samen: Juli–Sept.*

Gewöhnliche Knoblauchsrauke

Alliaria petiolata (Kreuzblütler) 002

H 20–100 cm April–Juni zweijährig

***Vorkommen** Europa, Westasien, Nordamerika. Laubwälder, schattige Hecken, Mauern, Wegränder und Schuttplätze. Gern auf stickstoffreichen Lehmböden.*

Sammelzeit
- > *junge Pflanze: April–Juni*
- > *Knospen/Blüten: Mai–Juni*
- > *Samen: Juli–Aug.*
- > *Wurzeln: Frühling und Herbst*

Giftiger Doppelgänger
Schöllkraut (Chelidonium majus, S. 204)

Mit ihrem pfeffrig-knoblauchartigen Geschmack wird die Pflanze roh vor allem als Würze für Salate, Kräuterquark oder Sandwichfüllungen verwendet. Die intensiv senfartig schmeckenden Blüten dekorieren herzhafte Speisen. Die frischen, zerriebenen Samenschoten ergeben gemischt mit Essig und Öl eine scharfe grüne Paste. Reife, getrocknete Samen lassen sich als Senfmehl vermahlen. Die geriebene lange weiße Wurzel der einjährigen Pflanze schmeckt scharf und ergibt, gemischt mit saurer Sahne oder Öl, eine meerrettichartige Paste.

Der knoblauchartige Geschmack verschwindet beim Kochen.

Gewöhnlicher Meerrettich

Armoracia rusticana (Kreuzblütler)

H 50–120 cm Mai–Juli Staude

Die fein geriebene Wurzel wird mit Schmand oder Sahne zu einer sehr scharfen Paste verarbeitet. In Kombination mit Fleisch, Eiern und Obst steht das scharfe Gewürz in Form von jungen, fein gehackten Blättern, frischen oder kapernartig eingelegten Blütenknospen, dekorativen Blüten und frischen oder getrockneten Samen das ganze Jahr über zur Verfügung.

Vorkommen *Fast ganz Europa. Krautgesellschaften, Wege, Schuttplätze, Straßenränder, Ödflächen, Ufer. Nährstoffreiche Böden.*

Sammelzeit

- *Blätter: März–Mai*
- *Knospen/Blüten: April–Juli*
- *Samen: Aug.*
- *Wurzeln: Sept.–März*

Gewöhnliches Hirtentäschel

Capsella bursa-pastoris (Kreuzblütler)

H 2–70 cm Jan.–Okt. einjährig/zweijährig

Die jungen, klein gehackten Triebe und Blätter erinnern an Rucola. Sie sind ein Kraftpaket an Eiweiß, Eisen, Kalium, Calcium und Vitamin C und schmecken roh auf Brot, in Salat, auf Pizza oder gedünstet in Suppen, Omelette und Gemüse. Mit den frischen Samenschoten werden saure Gurken eingelegt. Die getrockneten Samen eignen sich zermahlen als Senfersatz.

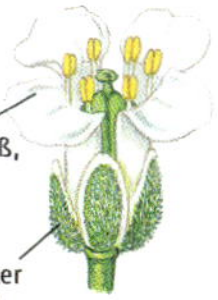

Vorkommen *Kosmopolit. Äcker, Schuttplätze, Gärten und Brachland.*

Sammelzeit

- *Blätter: Sept.*
- *Knospen/Blüten: April–Juli*
- *Samen: Juni–Sept.*
- *Wurzeln: Frühling, vor der Bildung der Stängel*

Englisches Löffelkraut

Cochlearia anglica (Kreuzblütler)
H 10–30 cm Mai–Juli zweijährig

Vorkommen *Deutschland, Spanien, Frankreich, Niederlande, England, Irland, Dänemark, Norwegen, Schweden. Salzwiesen der Nord- und Ostseeküste, Binnenland Nordeuropa. Salzhaltige, schlickige oder schlickig-sandige Böden.*

Sammelzeit
- > *Triebe/Blätter: März–Mai, vor der Blüte*
- > *Samen: Aug.–Sept.*

Die Vitamin-C-reiche Pflanze wird frisch wie Kressearten verwendet und schmeckt auch wie diese. Durch Einsalzen kann man sie haltbar machen. Die von August bis September gesammelten und als Frischsaft ausgepressten Samen werden als Zusatz von Mund- und Gurgelwässern bei der Behandlung von Entzündungen im Mund und Rachenraum verwendet.

Die Verbreitung ist in Deutschland sehr zurückgegangen. Als stark gefährdete Art der Roten Liste ist das Sammeln der Wildbestände verboten.

Dänisches Löffelkraut

Cochlearia danica (Kreuzblütler)
H 10–20 cm Mai–Juni zweijährig

Vorkommen *Nord- und Ostsee. Wattufer, Salzwiesen, Felsränder, entlang von salzgestreuten Straßen. Magere Böden.*

Sammelzeit
- > *Blätter: März–April*
- > *Blüten: April–Mai*
- > *Samen: Juni*

Der salztolerante Küstenbewohner hat sich aufgrund der Anwendung von Streusalz entlang der Straßen bis nach Süddeutschland ausgebreitet. Nach der Samenreife im August stirbt die Pflanze ab. Im September keimt die neue Pflanze und bildet kräftige Blattrosetten. Sie schmecken senfartig, sind reich an Bitterstoffen und Vitamin C und werden roh im Salat oder gekocht verzehrt.

Das Sammeln in Naturschutzgebieten ist verboten. An Standorten, die durch Ablagerung von Rußpartikeln, Öltropfen und Reifenabrieb belastet sind, ist das Sammeln nicht empfehlenswert.

Echtes Löffelkraut

Cochlearia officinalis (Kreuzblütler)

H 20–50 cm Mai–Juni zweijährig/mehrjährig

Die saftigen, leicht sukkulenten Blätter können selbst im Winter geerntet und für Salat oder Brotaufstrich verwendet werden. Sie schmecken kresseartig scharf und harmonieren gut mit Kartoffeln, Möhren oder Roten Rüben. Ihre Bitterkeit kann durch gleichzeitige Anwendung von Schnittlauch ausgeglichen werden. Die Blüten verströmen einen angenehm honigartigen Duft.

Vorkommen *Küstengebiete Europas. Lockere, feuchte, salzhaltige Böden.*

Sammelzeit

- *Blätter: ganzjährig*
- *Blüten: Mai–Juni*

Als stark gefährdete Art auf der Roten Liste unterliegen die Wildbestände einem Sammelverbot. Zur Kultur im eigenen Garten sät man die Samen im Frühjahr oder Herbst an einem schattigen bis halbschattigen Platz aus.

Echter Meerkohl

Crambe maritima (Kreuzblütler)

H 20–75 cm Mai–Juni Staude

Die in England und Frankreich als Gemüse erhältliche Pflanze erinnert im Geschmack an unsere heimischen Kohlarten. Die jungen Sprosse der Blätter und die jungen, nicht ganz entfalteten Blätter mit den Blütenständen sowie ältere Sprosse und Blätter werden wie Brokkoli oder Grünkohl zubereitet.

Vorkommen *Küsten Europas, Schwarzes Meer. Stark salzhaltige Böden, Sand, Geröll.*

Sammelzeit

- *Triebspitzen/Blätter: April–Mai*
- *große Blätter/Blüten: Mai–Juni*

Als gefährdete Art auf der Roten Liste unterliegen die Wildbestände einem Sammelverbot. Im eigenen Garten angepflanzt benötigt der Meerkohl einen freien, offenen, sonnigen Standort auf nährstoffreichem Boden.

Acker-Hederich

Raphanus raphanistrum subsp. *raphanistrum* (Kreuzblütler)
H 30–60 cm Juni–Okt. einjährig

Vorkommen *Mitteleuropa. Getreide- und Hackfruchtäcker, Schuttplätze. Kalkarme Böden. Säureanzeiger.*

Sammelzeit
- *Blätter: April–Juni*
- *Knospen/Blüten: Juni–Aug.*
- *Früchte: Juni–Juli*
- *Samen: Sept.–Okt.*
- *Wurzeln: Frühjahr*

Verwendet werden die jungen Blätter und Triebe vor der Blüte, solange sie noch kresseartig schmecken. Die älteren, beißend scharfen Blätter nimmt man nur sparsam als Salatbeigabe, in Spinat, Suppen und Soßen. Die Blüten, Knospen und zarten grünen Schoten schmecken senfartig und eignen sich frisch geerntet als leckere Nascherei oder Dekoration. Die getrockneten Samen sowie die geriebenen oder klein geschnittenen, rettichartigen Wurzeln wirken als starker Geschmacksgeber in allerlei Speisen.

Acker-Hellerkraut

Thlaspi arvense (Kreuzblütler)
H 10–50 cm April–Mai einjährig

Vorkommen *Mitteleuropa. In Ackerkrautgesellschaften, in Ruderalfluren und auf Schuttplätzen. Nährstoffreiche, humose, lehmige Böden.*

Sammelzeit
- *Blätter: März–April*
- *Samen: Aug.–Sept.*

Die Vitamin-C- und magnesiumreichen jungen Blätter werden klein gehackt als Beigabe in Salaten, Gemüse oder Suppen verwendet. Die Blätter schmecken senfartig, aber recht bitter. Deshalb sollten sie sparsam dosiert werden. Die getrockneten, gemahlenen Samen sind ein guter Senfmehlersatz.

Pfeilkresse

Cardaria draba syn. *Lepidium draba* (Kreuzblütler)
H 20–50 cm   Mai–Juli   Staude

Bevor der Pfeffer nach Europa kam, wurden die scharf-würzigen Samen der Pfeilkresse als solcher in der Küche verwendet. Auch die jungen Triebe und Blätter eignen sich – dezent verwendet – zum Würzen von herzhaften Speisen.

Vorkommen *Europa, Westasien. Äcker, Wegränder, Schuttplätze. Karge, steinige, trockene Böden.*

Sammelzeit
> *Blätter: April–Juni*
> *Samen: Juli–Sept.*

Feld-Kresse

Lepidium campestre (Kreuzblütler)
H 20–60 cm   Mai–Juni   zweijährig

Die jungen Blätter geben Salaten eine angenehm pikant-scharfe, rettichähnliche Note. Als Brotaufstrich oder Verfeinerung von Suppen, Quark und Kartoffelgerichten kommt ihr Geschmack gut zur Geltung. Sie passen auch gut zu Äpfeln und Zitrusfrüchten. Man sollte sie jedoch sparsam verwenden, damit ihre Schärfe erfrischend wirkt und andere Zutaten nicht übertönt.

Vorkommen *Europa. Schutt- und Ackerkrautgesellschaften. Trockene, warme, nährstoffreiche Böden.*

Sammelzeit
> *ganzes Kraut: März–Mai, vor der Blüte*
> *Knospen/Blüten: Mai–Juni*
> *Samen: Juni–Aug.*

Brunnenkresse

Nasturtium officinale (Kreuzblütler)

H 20–80 cm Mai–Okt. Staude

Vorkommen *Europa. Flussufer, Seen. Feuchte, halbschattige Standorte.*

Sammelzeit
- *ganzes Kraut: April–Aug.*
- *Blüten: Mai–Okt.*
- *Samen: ab Sept.*

Die immergrüne, frische Pflanze schmeckt leicht scharf und ist eine gute Würze für Salat, Kräuterquark oder andere Dips. Die beiden Letzteren passen besonders gut zu Pellkartoffeln. Fein gehackt mit Buttermilch vermischt ergibt die Pflanze ein erfrischendes Kräutergetränk. Durch Garen gehen Schärfe und Aroma verloren. Ein mit Honig gesüßter Tee aus den Samen wirkt wohltuend auf die Bronchien. Sie eignen sich auch als Pfefferersatz oder Brotwürze. Auch die klein geschnittenen Wurzeln sind ein scharfes Gewürz. Um den Bestand zu erhalten, sollte man die Pflanze aber nur sparsam verwenden.

Vor der Verwendung gut waschen, um eine Erkrankung durch Leberegel zu vermeiden. Diese finden sich meist in Bächen, die durch Kuhweiden fließen. Es empfiehlt sich, an sauberen Gewässern zu sammeln, die ohne Einfluss von Dünger oder Spritzmittel sind. Noch besser kultiviert man die Pflanze im eigenen Garten.

Weiße Rübe

Brassica rapa subsp. *rapa* (Kreuzblütler)
H 20–100 cm April–Sept. zweijährig

Auch als Rübsen oder »Räbe« bekannt. Die jungen Blätter schmecken kräftig kohlartig und werden für Gemüse verwendet. Die Blüten und Blütenknospen sind eine würzige Dekoration für pikante Speisen. Die unterschiedlich gefärbten Rüben eignen sich gut für Eintöpfe oder als Beilage zu Fisch und Fleisch. Milchsauer eingelegt sind sie ein gesundes Wintergericht.

Vorkommen *Heimat Mittelmeergebiet. Als Kulturpflanze weit verbreitet und öfter verwildert.*

Sammelzeit
- *Kraut: März–April, vor der Blüte*
- *Knospen/Blüten: April–Sept.*
- *Wurzel: Herbst bis Frühjahr*

Rüben weiß bis violett

33

Gewöhnliches Barbarakraut

Barbarea vulgaris (Kreuzblütler)
H 30–90 cm Mai–Juli Staude

Die Pflanze hat ein kresseartiges, leicht pfeffriges Aroma. Die jungen Blätter schmecken roh oder gekocht in würzigen Gerichten. Die mit Stängel geernteten und blanchierten Blütenknospen werden wie Brokkoli angerichtet. Die gelben Blüten eignen sich als würzige Dekoration. Die getrockneten Samen liefern einen Gewürzvorrat für den Winter. Klein geschnittene oder geraspelte Wurzeln lassen sich als Würze anwenden oder zu kräftigen Brotaufstrichen verarbeiten.

Vorkommen *Europa. Kiesbänke in flachen Gewässern, Bachufer, Flussufer, weitere feuchte Gebiete mit nährstoffreichen Böden.*

Sammelzeit
- *Blätter: ab April bis in den Winter*
- *Knospen/Blüten: April–Juni*
- *Samen: ab Juli bis in den Herbst*
- *Wurzeln: Frühling*

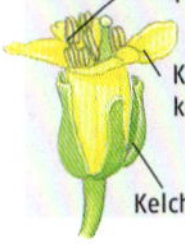

Gewöhnliche Sumpfkresse

Rorippa palustris (Kreuzblütler)

H 10–80 cm   Juni–Sept.   Staude

Vorkommen *Europa. Ufer, Gräben, feuchte Ruderalstreifen. Feuchte, nährstoffreiche, stickstoffhaltige, humose Schlammböden.*

Sammelzeit
- *ganzes Kraut: März–Mai, vor der Blüte*
- *Knospen/Blüten: Mai–Juni*
- *Samen: Juni–Aug.*

Der hohe Gehalt an Senfölglykosiden und Bitterstoffen gibt der Pflanze ihren pikant-scharfen und etwas rettichähnlichen Geschmack. Um das Aroma anderer Zutaten zu erhalten, wird sie in Gerichten nur sparsam verwendet. Traditionell gehört sie in Frankfurter Grüne Soße oder in eine Kresseschaumsuppe.

Schoten gedrungen, 5–9 mm lang, 2–3 mm dick

Schotenstiele gleich lang oder kürzer als Schote

Kronblätter gelb, gleich lang oder kleiner als Kelchblätter

Blätter fiederteilig mit vergrößerten Endblättern

Blattgrund geöhrt

aufrechter Wuchs

Acker-Senf

Sinapis arvensis (Kreuzblütler)

H 30–60 cm   Juni–Okt.   einjährig

Vorkommen *Europa. Äcker, Gärten, Schuttplätze. Nährstoff- und stickstoffreiche sowie kalkhaltige Böden. Zeigerpflanze für Lehmböden.*

Sammelzeit
- *ganzes Kraut: Mai–Juni, vor der Blüte*
- *Blüten: Juni–Okt.*
- *Samen: Frühsommer–Herbst*
- *Wurzeln: Frühjahr*

Die Pflanze hat in der Küche eine lange Tradition. Junge Triebe – gekocht oder roh – haben eine dezente Schärfe. Die Blütenknospen, grüne Samenschoten und getrocknete Samen geben sauer eingelegten Speisen den typischen Senfgeschmack. Die grünen Schoten und getrockneten Samen verwendet man als scharfes Gewürz. Die geriebenen Wurzeln schmecken frisch-rettichartig.

zur Blütezeit waagerecht abstehende Kelchblätter

Verwendet man die Blätter als Gemüsefüllung oder für Lasagne, kocht man sie vorher.

Stängelblätter länglich, sitzend

Rand unregelmäßig buchtig gezähnt

bodennahe Blätter aus Teilblattpaaren und einem großen Endblatt

Schoten mit langem Schnabel

unterer Teil gewellt

Wegrauke

Sisymbrium officinale (Kreuzblütler)
H 30–60 cm   Mai–Okt.   einjährig/zweijährig

Die jungen, kresseartig bitteren Pflanzen werden auch noch während der Blüte in Salaten, Kräuterquark, Suppen und Mischgemüsen verwendet. Die Blüten verwendet man auch als Dekoration. Die Blätter werden milchsauer eingelegt oder getrocknet zu einer Art Senfpulver verrieben. In Fett ausgebacken ergeben sie köstliche Gemüsechips. Samen und Wurzeln sind ein scharfes Gewürz.

Vorkommen *Europa. Wege, Gartenkrautkulturen, Schuttplätze, Dämme, Ufer. Nährstoffreiche Böden an warmen Stellen.*

Sammelzeit
- *ganzes Kraut: April–Juni*
- *Knospen/Blüten: Mai–Okt.*
- *Samen: Herbst*
- *Wurzeln: Frühjahr*

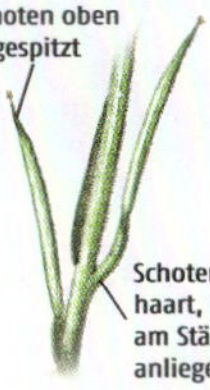

In früheren Zeiten wurden die abgestorbenen Pflanzen als Besen gebunden.

Schmalblättriger Doppelsame

Diplotaxis tenuifolia (Kreuzblütler)
H 30–80 cm   Mai–Okt.   Staude

Die auch als Rucola bekannte Pflanze kann ebenso vielseitig wie die im Handel erhältliche Art *(Eruca sativa)* verwendet werden. Blütenknospen und Blüten eignen sich mitsamt Stängel als Dekoration oder schmecken in Teig ausgebacken. Die Samen sind ein angenehmes Gewürz für Soßen und Dips zu Fisch und Fleisch. Die kleinen Wurzeln lassen sich frisch oder getrocknet als scharfes Gewürz verwenden.

Vorkommen *Mitteleuropa. Krautgesellschaften, Wege, Schuttplätze, Dämme, Brachen. Mäßig basen- und stickstoffhaltige, sandig-lockere Böden.*

Sammelzeit
- *ganzes Kraut: April–Mai, vor der Blüte*
- *Knospen/Blüten: Mai–Sept.*
- *Samen: Aug.–Okt.*
- *Wurzeln: Sommer*

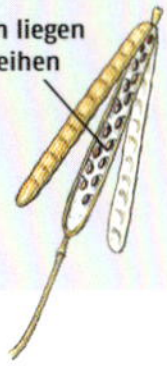

Ehrenpreise *(Veronica)*: Seite 37–39

Die Gattung der Ehrenpreise gehört zur Familie der Braunwurzgewächse. Sie umfasst insgesamt 450 Arten, wovon die meisten in Europa und Asien beheimatet sind. Die ein- oder mehrjährigen Pflanzen erreichen eine Wuchshöhe von bis zu 30 cm. Der kriechende Wurzelstock ist hellbraun. Die Blätter erscheinen grünlich grau bis nahezu silberfarben. Sie sind gegenständig angeordnet, kurz gestielt oder sitzend und je nach Art behaart oder nicht. Der Blattrand ist gesägt. Bei jungen Pflanzen liegen die Stängel meist am Boden. Die Blüten sind violett, hellblau oder selten weiß. Sie sind traubig in einem Blütenstand angeordnet und meist nur im oberen Drittel der Pflanze zu finden. Innerhalb der Gattung ist die Anordnung des Blütenstands ein wichtiges Bestimmungsmerkmal. Keine der Ehrenpreisarten ist als giftig bekannt.

Nach neuen molekularbiologischen und morphologischen Merkmalen sind die Ehrenpreise der Familie der Wegerichgewächse (Plantaginaceae) zugeordnet.

Bachbungen-Ehrenpreis

Veronica beccabunga (Braunwurzgewächse)
H 20–60 cm Mai–Aug. Staude

Die fleischigen Blätter erinnern – auch im Geschmack – etwas an Brunnenkresse und eignen sich ebenso wie die Triebspitzen vor der Blüte als Beigabe für Salate, Quark, Kräuterdips, Bratlinge, Pestos, gedünstete Gemüse oder klein geschnitten als herzhafter Brotbelag. Die älteren, sehr herben Blätter sollte man nur sparsam verwenden. Die kleinen, violetten Blüten sind eine zauberhafte Dekoration auf jedem Buffet.

***Vorkommen** In weiten Teilen Europas. Wassergräben, Quellen, Bäche, Seeufer, Teichufer. Bevorzugt kühle Gewässer.*

Sammelzeit
- *ganzes Kraut: März–Mai*
- *Blüten: Mai–Aug.*

Vor der Verwendung gut waschen, um eine Erkrankung durch Leberegel zu vermeiden. Diese finden sich meist in Bächen, die durch Kuhweiden fließen. Am besten sammelt man nur am Oberlauf von sehr sauberen Bächen, wo es keine Kuhweiden gibt.

37

Gewöhnlicher Efeu-Ehrenpreis

Veronica hederifolia subsp. *hederifolia* (Braunwurzgewächse)
H 8–30 cm März–Mai einjährig

Die zarten, herben Blätter und Triebspitzen eignen sich für Salate, Dips, Bratlinge, Pestos und würzige Pfannkuchen sowie als Beigabe zu Gemüsen. Die getrockneten Blätter passen gut in Kräutersalzmischungen. Die zarten Blüten sind kandiert in Nachspeisen ein echter Hingucker. Getrocknet behalten sie ihre Farbe und sind hübsche Farbtupfer in Haustees.

***Vorkommen** Mittel- und Südeuropa. Hackfruchtäcker, Brachen, Gärten. Lockere, nährstoffreiche und milde Lehmböden.*

Sammelzeit
- *ganzes Kraut: März–Mai*
- *Blüten: März–Mai*

Echter Ehrenpreis

Veronica officinalis (Braunwurzgewächse)
H 5–20 cm Juni–Sept. Staude

***Vorkommen** Europa. Mäßig trockene, nährstoffarme, steinig-sandige Lehmböden.*

Sammelzeit
- *ganzes Kraut: April–Juni*
- *Blüten: Juni–Sept.*

Die jungen, herb schmeckenden Blätter und Triebspitzen eignen sich – solange die Blattstiele sich noch zwischen den Fingern zerreiben lassen – für Kräutermischungen in Salaten, Dips, Bratlingen, Pestos und würzigen Pfannkuchen. Die zarten Blüten erntet man vorsichtig mit der Schere und verwendet sie als Dekoration oder getrocknet in Hausteemischungen.

Mit seinen leuchtend blauen Blüten verlockt der Echte Ehrenpreis zu einem zweiten Blick. Er genoss lange hohes Ansehen als Heilpflanze. Erkennbar ist dies an seinem lateinischen Namen officinalis sowie an seinem volkstümlichen Namen »Allerweltsheil«.

Persischer Ehrenpreis

Veronica persica (Braunwurzgewächse)
H 10–40 cm Jan.–Dez. einjährig/zweijährig

***Vorkommen** Europa. Flur, Äcker, Weinberge, Gärten, Getreidefelder, Wege. Offene, nährstoffreiche Böden, wärmere Standorte, Lehmzeiger.*

Sammelzeit
- *ganzes Kraut: ganzjährig*
- *Knospen/Blüten: ganzjährig*

Die zarten, leicht bitteren Blätter und Triebspitzen können über den ganzen Frühling in der Wildkräuterküche als Würze in Eierspeisen, Pestos, Salaten, auf Kräuterbroten, in Hackfleisch oder Gemüsefüllungen und Risottos zum Einsatz kommen. Das blühende Kraut ergibt frisch oder getrocknet einen milden Kräutertee. Die Blüten eignen sich frisch, kandiert oder getrocknet als außergewöhnliche Dekoration.

Die Pflanze stammt aus Asien. In Botanischen Gärten angepflanzt, hat sie sich ausgewildert und bis Finnland ausgebreitet.

Großer Ehrenpreis

Veronica teucrium (Braunwurzgewächse)
H 20–80 cm Mai–Juli Staude

Beim Morgenspaziergang im eigenen Garten geerntete junge Blätter und Triebspitzen eignen sich als herber Bestandteil von Kräutermischungen für Salate, Dips und Eierspeisen. Die zahlreichen blauen Blüten sind eine hübsche Dekoration, verschönern z. B. Smoothies und geben jedem Salat eine besondere Note.

Vorkommen *Zerstreut in Mitteleuropa. Gebüsche, Waldränder, lichte Wälder, Halbtrockenrasen. Trockene, meist kalkhaltige Lehm- und Steinverwitterungsböden.*

Sammelzeit

> *Blätter/Triebspitzen: März–Juli*
> *Blüten: Mai–Juli*

Die Art wird in der Roten Liste unter der Kategorie V geführt. Dies bedeutet, dass die Pflanze noch nicht als gefährdet gilt, in vielen Regionen jedoch nur noch selten vorkommt. Der Große Ehrenpreis kann gut im Garten angepflanzt werden.

Klatsch-Mohn

Papaver rhoeas (Mohngewächse)
H 30–90 cm Mai–Juli einjährig

***Vorkommen** Europa. Getreidefelder, Wegränder, Gärten, Brachflächen. Sommerwarme, meist kalkhaltige Lehmböden.*

Sammelzeit
- *junge Blätter: April*
- *Blüten: Mai–Juli*
- *Samen: Aug.*

Giftiger Doppelgänger
Schlaf-Mohn (Papaver somniferum, *S. 229)*

Die süßlich milden jungen Blätter werden roh in Salaten verwendet oder wie Spinat zubereitet. Die roten Blütenblätter eignen sich als essbare Dekoration, zum Färben von Marzipan und anderen Süßspeisen oder getrocknet in Teemischungen. Die getrockneten Samen schmecken nussig und sind ein leckeres Backgewürz.

Der Milchsaft enthält Alkaloide, die Erbrechen und Krämpfe auslösen können.

Schmalblättriges Weidenröschen

Epilobium angustifolium (Nachtkerzengewächse)
H 60–120 cm Juli–Aug. Staude

***Vorkommen** Europa. Waldlichtungen, Kahlschläge, Waldwege, Ufer. Kalkarme, nährstoffreiche Böden.*

Sammelzeit
- *Wurzeln: April–Mai*
- *Blätter: April–Juli*
- *Knospen/Blüten: Juli–Aug.*

Die Triebspitzen schmecken roh im Salat oder gegart in Gemüsegerichten. Blüten und Blütenknospen eignen sich als Salatdekoration oder zusammen mit den Blättern als Tee. Junge Blätter schmecken feldsalatartig, ältere herb. Die süßlich scharfen Wurzeln schmecken frisch oder als Gemüsechips. Getrocknet und gemahlen sind sie ein guter Soßenbinder, geröstet ein Kaffeeersatz.

Die »Wolle« der verblühten Pflanzen, versponnen mit Ziegenwolle, eignet sich für Decken und Umhänge. Aus den Fasern kann man Schnüre herstellen.

Gemeine Nachtkerze

Oenothera biennis (Nachtkerzengewächse)

H 50–100 cm   Juni–Sept.   zweijährig

Die Wurzel färbt sich beim Kochen schinkenähnlich (Schinkenwurzel), sie schmeckt ähnlich wie die Schwarzwurzel. Die getrockneten Samen sind wie Sesam anzuwenden und schmecken nussig. Die Blüten haben ein mildes Aroma, die Blätter erinnern im Geschmack an Mangold. Der hohe Anteil an Gamma-Linolensäure wirkt sich positiv auf Blutgefäße und Haut aus.

Vorkommen *Europa. Krautbestände, Ödflächen, Schuttplätze, Böschungen. Eher trockene Böden.*

Sammelzeit

> *Blätter: April–Juni*
> *Blütenstängel: April–Juni*
> *Blüten: Juni–Sept.*
> *Wurzeln: ab Sept.*

Giftiger Doppelgänger

Bilsenkraut (Hyoscyamus niger var. niger, *S. 213),* *im Rosettenstadium im 1. Jahr*

Gewöhnliche Wassernuss

Trapa natans var. *natans* (Wassernussgewächse)

H 60–300 cm   Juli–Aug.   einjährig   geschützt

Die eiweiß- und stärkereichen Samen sind in Südostasien eine beliebte Speise. Sie werden wie Maronen gekocht und gegessen und schmecken süßlich mehlig. Nach dem Kochen getrocknet und zerstoßen ergeben sie ein Streckmehl. Achtung: Wassernüsse sind roh giftig! Die giftigen Stoffe verschwinden jedoch durch das Kochen.

Vorkommen *Gemäßigte Klimazonen Europas und Asiens. Flache, stehende Gewässer.*

Sammelzeit

> *Samen: Sept.–Okt.*

Wassernüsse stehen in Deutschland unter Naturschutz und dürfen in der freien Natur nicht gesammelt werden. Zum Arterhalt im Herbst im eigenen Teich anpflanzen.

Kalmus

Acorus calamus (Kalmusgewächse)
H 60–120 cm Juni–Juli Staude

***Vorkommen** Europa, Asien. Uferzonen von nährstoffreichen, stehenden und langsam fließenden sonnenwarmen Gewässern.*

Sammelzeit
- *Wurzeln: Sept.–Okt.*
- *Blüten: Juni–Juli*

Bei uns auch als Deutscher Ingwer bekannt, wird der Kalmus als Gewürz für Liköre, Cola-Getränke oder in kandierter Form verwendet. Die Tataren nutzten ihn zur Desinfektion von Trinkwasser. Die Wurzel schmeckt ingwerartig, die Blüten süßlich. Kaut man ein Wurzelstück, macht dies den Nikotingenuss unangenehm. Will man die Wurzel verwenden, gräbt man den Wurzelstock aus, schneidet einen Teil ab und gräbt den Rest wieder ein.

Die Kalmuswurzel enthält bis zu 80% ätherische Öle. So starke Essenzen können krebserregend wirken. Bei Überdosierung kommt es zu Krampfanfällen.

Kleine Wasserlinse

Lemna minor (Wasserlinsengewächse)
H 0,2–0,5 cm Mai–Juni Staude

***Vorkommen** Gemäßigte Klimazonen aller Kontinente. Auf stehenden Gewässern wie Teichen und Tümpeln.*

Sammelzeit
- *ganze Pflanze: frostfreie Jahreszeit*

Die eiweißreiche Schwimmpflanze ist samt ihrer schwimmenden Wurzeln verwendbar und lässt sich gut mit einem Schaumsieb von der Wasseroberfläche ernten. Gut gesäubert schmeckt sie als Salat, gekocht wie Spinat oder als Pesto. Ihr Aroma ist mild und erinnert an Kopfsalat.

Auf die Wassergüte der Erntegewässer achten, da die Pflanze auch auf verschmutzten Teichen wächst.

Krauses Laichkraut

Potamogeton crispus (Laichkrautgewächse)
H 30–200 cm   Mai–Sept.   Staude

Die jungen Triebe, Blätter und Stiele erinnern im Geschmack an Seetang. Gut gereinigt kann man sie gedünstet vielfältig zubereiten. Die zarten, geschälten Teile der stärkereichen, nussig schmeckenden Wurzel verzehrt man in dünnen Scheiben als Rohkost, geschmort oder in Öl ausgebacken als Chips. Mit Schale getrocknet und vermahlen lässt sie sich als Mehlzusatz verwenden.

***Vorkommen** In weiten Teilen Europas, Asiens und Afrikas. In oft stark belasteten oder verschmutzten, stehenden oder langsam fließenden Gewässern.*

Sammelzeit
> Wurzeln: zarte Teile in Frühjahr und Herbst
> Blätter: April–Juni

Auf die Wassergüte der Erntegewässer achten, die Pflanze wächst auch in verschmutzten Teichen.

Breitblättriger Rohrkolben

Typha latifolia (Rohrkolbengewächse)
H 100–200 cm   Juli–Aug.   Staude

Die hellen Innenblätter der jungen Triebe und die helle Basis der ausgewachsenen Pflanzen haben ein süßliches Aroma. Sie schmecken gedünstet, mariniert oder in Rohkost. Die stärkereichen Wurzeln schmecken maronenartig und ergeben klein geschnitten, gekocht und durch ein Sieb passiert ein Mus, das süß oder salzig zubereitet, geröstet als Kaffeeersatz oder als Brotbeigabe verwendet werden kann.

***Vorkommen** Europa. Gräben, Ufer, nasse Wiesen, Schlammböden, nährstoffreiche Gewässer.*

Sammelzeit
> Triebe: April–Mai
> Wurzeln: März, Herbst
> weibliche Blütenteile: Juli–Aug.

Giftiger Doppelgänger
Sumpfschwertlilie (Iris pseudacorus, S. 230)

Man kann den unreifen weiblichen Blütenstand abschaben und gedünstet essen. Die Pollen des männlichen Blütenstands werden als Backzutat verwendet.

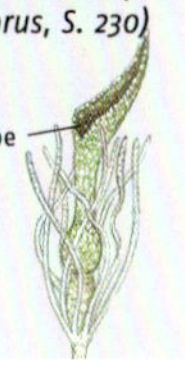

Stochschnäbel *(Geranium)*: Seite 45–46

Die Gattung der Storchschnäbel *(Geranium)* ist die artenreichste Gattung der Pflanzenfamilie der Storchschnabelgewächse. Die deutsche Bezeichnung »Storchschnabel« trägt sie wegen den länglichen, eigenwillig gestalteten Fruchtständen, die an den Schnabel eines Storchs erinnern. Die botanische Bezeichnung *Geranium* kommt von dem griechischen Wort *géranos*, das »Kranich« bedeutet.
Storchschnabelarten sind ausdauernde, seltener ein- oder zweijährige krautige Pflanzen. Ihr Wuchs ist buschig oder horstartig. Wie alle Mitglieder der Familie der Storchschnabelgewächse haben Storchschnabel-Arten gelenkartig verbundene Stängel, die häufig Drüsenhaare besitzen. Die Blätter sind wechsel- oder gegenständig und gestielt. Sie besitzen Nebenblätter. Diese sind an den Grundblättern deutlicher zu erkennen als an den Stängelblättern. Meist sind die Blätter handförmig oder gefiedert. Die Blüten sitzen an den Enden langer Stiele und sind 5-zählig.
Die Frucht hat einen Schleudermechanismus zur Verbreitung der Samen. Jedes der 5 Fruchtblätter trägt im unteren Teil einen Samen. Zur Reifezeit lösen sich die Klappen der Frucht plötzlich von der Mittelsäule ab und die Samen werden explosionsartig weggeschleudert. Storchschnabelarten sind ungiftig und werden als Bepflanzung für Schulen und Kindergärten empfohlen.

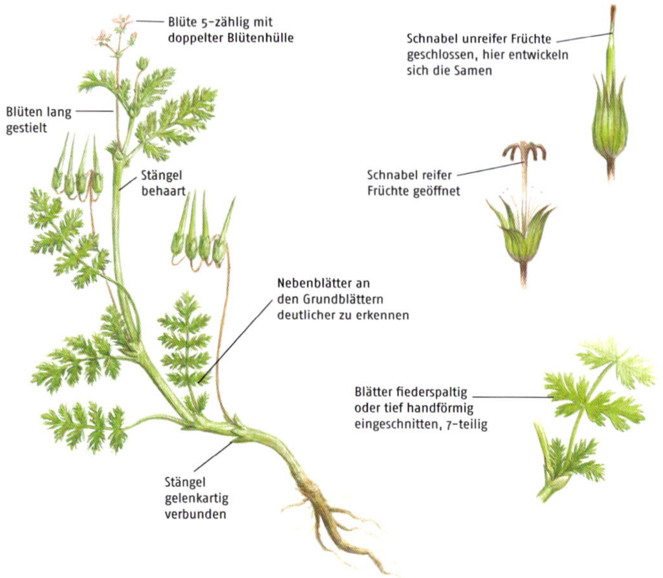

Wiesen-Storchschnabel

Geranium pratense (Storchschnabelgewächse)

H 20–60 cm Juni–Aug. Staude

Seine einladenden blauen Blüten als Dekoration sind ein Blickfang auf jedem Buffet. Getrocknet werden sie in Haustees verwendet. Die milden Blätter schmecken roh in Salaten oder als Spinat, in Kräuterfüllungen oder sonstigen Gerichten.

Vorkommen *Europa. Fettwiesen, Grabenränder. Nährstoffreiche, kalkhaltige Böden.*

Sammelzeit
> *Blätter: April–Juli*
> *Blüten: Juni–Aug.*

Giftige Doppelgänger
Eisenhutarten (Aconitum spec., S. 220/221), Busch-Windröschen (Anemone nemorosa, S. 219), Trollblume (Trollius europaeus, S. 230), vor der Blüte

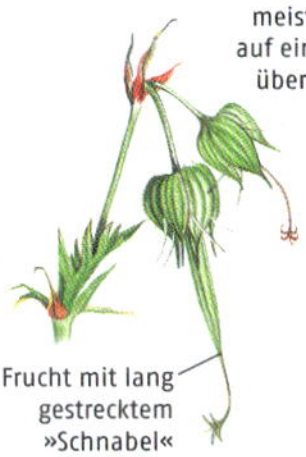

Zwerg-Storchschnabel

Geranium pusillum (Storchschnabelgewächse)

H 10–60 cm Mai–Okt. zweijährig

Die herben Blätter sowie die mild schmeckenden Blüten und ihre Knospen werden als Gewürz für Salate, Gemüse, Eierspeisen und Suppen verwendet. Die kleinen Blüten sind eine dekorative Zugabe für Kräutergetränke, Bowlen und Süßspeisen.

Vorkommen *Europa. Wegränder, Dorfplätze, Weinberge. Nährstoffreiche, meist kalkarme, oft sandige bis lehmige Böden.*

Sammelzeit
> *Blätter: April–Juni*
> *Knospen/Blüten: Mai–Okt.*

behaarte Frucht

Stink-Storchschnabel

Geranium robertianum (Storchschnabelgewächse)

H 20–40 cm   Mai–Okt.   einjährig

Vorkommen *Europa. Wälder, Mauern, Felsen, Hecken, steinige Plätze, Ödflächen. Nährstoffreiche Böden, manchmal auch auf Bäumen.*

Sammelzeit
- *Blätter: April–Juni*
- *Knospen/Blüten: Mai–Okt.*

Der starke, unverkennbare Geruch gab der Pflanze ihren Namen. Ein aus dem Kraut gekochter Tee hat eine lange Anwendungstradition bei Haut- und Verdauungsproblemen. Blätter, Knospen und Blüten werden als Gewürz für allerlei Speisen verwendet. Die Blätter schmecken herb, die Blüten mild.

Wald-Storchschnabel

Geranium sylvaticum (Storchschnabelgewächse)

H 20–60 cm   Mai–Juli   Staude

Vorkommen *Europa. Wälder, Gebüsche, Hecken, Wiesen, Ufer und Felsstandorte.*

Sammelzeit
- *Blätter: April–Juli*
- *Blüten: Mai–Juli*

Giftige Doppelgänger
Eisenhutarten (Aconitum spec., S. 220/221)), Buschwindröschen (Anemone nemorosa, S. 219), Trollblume (Trollius europaeus, S. 230), vor der Blüte

Im Frühling verleihen die als Gewürz klein gehackten Blätter und später die Knospen und dekorativen Blüten jedem Obstsalat eine weitere farbliche Note. Obendrein wirkt die Pflanze verdauungsunterstützend. Die Blätter schmecken herb, die Blüten neutral.

Je weiter nördlich der Wald-Storchschnabel wächst, desto häufiger hat er rosafarbene oder weiße Blüten.

Moschus-Malve

Malva moschata (Malvengewächse)
H 20–80 cm Juli–Sept. Staude

Die jungen Blätter werden wie Spinat zubereitet oder für Salate und Suppen verwendet. Die wie Käselaibe aussehenden kleinen grünen Früchte schmecken roh als Snack oder in Bratlingen, Gemüsegerichten sowie auf Brot. Aus den Blüten lassen sich hübsche Dekorationen und gefärbte Speisen herstellen. Junge Wurzelenden eignen sich klein geschnitten zum Andicken von Gemüsen.

***Vorkommen** Europa. Wegränder, Gärten, Wege. Nährstoffreiche, mäßig feuchte Böden.*

Sammelzeit
- *Wurzeln: Frühling*
- *Blätter: Juni–Sept.*
- *Blüten: Juni–Aug.*
- *Samen: Sept.–Okt.*

Die Blätter der im Mittelalter als »Allheilmittel« bekannten Pflanze lindern Wespenstiche.

Gewöhnliche Wilde Malve

Malva sylvestris subsp. *sylvestris* (Malvengewächse)
H 30–100 cm Juli–Okt. Staude

Klein geschnitten sind junge Malvenblätter und -blüten eine angenehme Zutat für einen frischen Salat oder Hausteemischungen. Grünen Smoothies geben sie eine sämige Konsistenz. Ältere Blätter und die Wurzel sind mit ihrer Bindeeigenschaft eine Grundlage für Suppen und Soßen. Zarte Blüten und Samen werden wie die der Moschus-Malve verwendet.

***Vorkommen** Süd- und Mitteleuropa. Wegränder, Ödland, lichte Wälder. Trockene, stick- und nährstoffreiche Böden.*

Sammelzeit
- *Wurzeln: Frühling*
- *Blätter: Juni–Sept.*
- *Blüten: Juni–Aug.*
- *Samen: Sept.–Okt.*

Wilde Blasenkirsche

Physalis alkekengi var. *alkekengi* (Nachtschattengewächse)
H 40–80 cm Mai–Aug. Staude

Vorkommen *Mittel- und Südeuropa. Auwälder, Waldränder. Kalkhaltige Böden.*

Sammelzeit
> *Beeren: Sept.–Okt.*

Der Blütenkelch färbt sich zur Fruchtreife orangerot und sieht wie ein Lampion aus – daher auch der zweite Name »Lampionblume«. In seinem Inneren entwickelt sich die kirschgroße Beere. Sie hat einen säuerlich bitteren Geschmack und enthält mehr Vitamin C als Zitronen. Gut schmeckt sie in Obstsalat. Man kann sie auch entsaften, zu Kompott oder Marmelade verarbeiten oder in Alkohol einlegen.

Verzehrt man größere Mengen der Beeren, kann es zu Übelkeit, Schweißausbrüchen und Herzbeschwerden kommen.

Kleiner Baldrian

Valeriana dioica (Baldriangewächse)
H 10–30 cm Mai–Juni Staude

Vorkommen *Europa, Asien. Feuchtwiesen, Bachufer.*

Sammelzeit
> *Blätter: März–Mai*
> *Wurzeln: Sept.–März*

In Indien und Pakistan wird die gemahlene Wurzel zum Würzen von Suppen und Eintöpfen verwendet. Sie schmeckt herb und eignet sich, fein geschnitten und gekocht, auch als Wurzelgemüse. Die jungen, im Geschmack an Feldsalat erinnernden Blätter passen in Kräutermischungen oder getrocknet in Kräutersalz.

Nur von großen Pflanzenbeständen Wurzeln sammeln!

Echter Arznei-Baldrian

Valeriana officinalis (Baldriangewächse)

H 40–100 cm Mai–Sept. Staude

Die ähnlich wie Feldsalat schmeckenden jungen Blätter gibt man in Kräutermischungen. Die süßliche, später würzig bis bittere Wurzel verwendet man wie die des Kleinen Baldrians. Mit den Blüten lassen sich Gelees, Limonaden, Tees und Liköre aromatisieren oder man bäckt sie in Teig aus.

Vorkommen *Europa, Asien. Feuchtwiesen, Bachuferflure. Auf fast jedem Boden.*

Sammelzeit

- *Blätter: April–Mai*
- *Blüten: Mai–Juni*
- *Wurzeln: Sept.–März*

In hohen Dosen kann der Verzehr der Wurzel zur Hemmung der Herztätigkeit und zu Betäubung führen.

Gewöhnlicher Feldsalat

Valerianella locusta (Baldriangewächse)

H 5–15 cm April–Mai einjährig

Mit seinem ausgefallenen Nussaroma schmeckt Feldsalat pur, gemischt mit anderen Salaten oder in Smoothies in Kombination mit Nüssen. Gedünstet passt er in Füllungen von Gemüsetaschen, in Suppen oder, haltbar gemacht, als Sauerkraut. Die Samen lassen sich für Keimlinge verwenden als frischer Wintersalat von der Fensterbank.

Vorkommen *Europa. Äcker, Brachfelder, Weinberge, Weg- und Straßenränder. Frische, sandige bis lehmige Böden.*

Sammelzeit

- *Triebe/Blattsprossen: Frühling und Herbst*
- *Blüten: April–Mai*
- *Samen: Juli–Aug.*

Doldenblütler *(Apiaceae)*: Seite 52–59

Die Pflanzenfamilie der Doldenblütler sind weltweit mit ca. 400 Gattungen und 3000 Arten verbreitet. Die heimischen Arten sind überwiegend krautige Pflanzen und häufig an Wegrändern, auf Wiesen oder Äckern anzutreffen. Sie besiedeln trockene und feuchte Standorte. Namensgebend für diese Familie ist der charakteristische Blütenstand einer Dolde. Eine Dolde ist dadurch gekennzeichnet, dass alle Einzelblüten an einem Punkt entspringen.

Bei einer Doppeldolde bilden die Einzelblüten Döldchen, die wieder zu einer Dolde zusammengesetzt sind. Alle Strahlen sind gleich häufig verzweigt.

Die weiß, gelb oder rosafarbenen Einzelblüten sind immer 5-zählig und besitzen in der Regel keine bzw. verkümmerte Kelchblätter. Die Tragblätter werden als Hüllchen bzw. Hülle bezeichnet. Sie können nur schwach ausgeprägt sein oder ganz fehlen.

Doppeldolde

Doldenrispe

Doldentraube

Häufig kommt es zu Verwechslungen mit Pflanzen anderer Familien, die doldenartig anmutende Blütenstände besitzen. Hierzu gehören Arten mit einer Doldenrispe, z. B. die Wiesen-Schafgarbe (Familie Korbblütler), oder solche mit einer Doldentraube, z. B. die Bittere Schleifenblume (Familie Kreuzblütler).

Weitere Merkmale der Doldenblütler sind ein meist hohler Stängel, der auffällig verdickte Knoten besitzt und oft behaart ist. Die zusammengesetzten Blätter sind immer wechselständig und einfach bis mehrfach gefiedert. Sie besitzen oft eine deutlich ausgebildete Blattscheide, während Nebenblätter fehlen.

Alle Arten (auch die giftigen) zeichnen sich durch einen würzigen Geruch aus. Die Blätter besitzen einen fenchel- bis sellerieartigen Geschmack. Außerdem haben viele Doldenblütler eine unterschiedlich stark auftretende fototoxische Wirkung. Das bedeutet, dass bei Lichteinwirkung ein Hautkontakt zu starken Verbrennungen führen kann. Als Frucht wird eine Spaltfrucht aus 2 Samen gebildet, die in ihrem Aussehen stark variiert und somit ein wichtiges Unterscheidungsmerkmal ist.
Da viele Arten sehr gleich aussehen, fällt die Unterscheidung schwer. Teilweise existieren nur geringfügige Unterschiede zwischen essbaren und sehr stark giftigen Arten. Eine genaue Bestimmung ist nur unter Berücksichtigung mehrerer Merkmale möglich und erfordert viel Erfahrung und Übung. Somit fällt eine allgemeine Aussage zur Nutzbarkeit schwer. Einerseits zählen viele unserer Gewürz- und Nahrungspflanzen wie Fenchel, Kümmel und Möhre zu den Doldenblütlern, andererseits auch einige unserer giftigsten Pflanzen, z. B. der Gefleckte Schierling.

Spaltfrucht

Vorsicht: Doldenblütler sollten nur verwendet werden, wenn sie sicher bestimmt werden können.

Giersch

Aegopodium podagraria (Doldenblütler)

H 50–90 cm   Juni–Aug.   Staude

Vorkommen *Europa (außer Britische Inseln). Wälder, Waldränder, Ufer. Feuchte Böden.*

Sammelzeit

- > *Blätter: März–Aug.*
- > *Blüten: Mai*
- > *Früchte: Juli–Sept.*

Für die meisten Gärtner ist der Giersch der Hauptfeind im Garten. Dabei gibt es kaum ein nahrhafteres und pflegeleichteres Dauergemüse. Giersch schmeckt mild-würzig und möhrenartig. Die jungen, milden Blätter lassen sich ideal als Zutat im Salat, in Kräuterbutter oder in Getränken verwenden. Ältere Blätter lassen sich für Suppen und Gemüsegerichte (Spinat, Ofengemüse), Füllungen (Teigtaschen, Brot) und zum Trocknen (Gewürz) nutzen. In Salzlake eingelegt kann man sie haltbar machen. Die Blüten und Früchte eignen sich als Würze in Öl und Spirituosen.

Wald-Engelwurz

Angelica sylvestris (Doldenblütler)
H 50–150 cm Juli–Sept. Staude

Die gesamte Pflanze ist stark aromatisch und schmeckt edelbitter sowie leicht süß bis scharf. Sie ist eine gute Würze zum Kochen oder Aromatisieren von Spirituosen, Essig oder Öl. Blätter und junge Triebe kann man in Salat und Suppen verwenden. Nicht verholzte Blattstängel werden zu Bittergemüse oder wie Spargel zubereitet. Eine leckere Süßigkeit sind kleine Stängelstücke, die man kandiert oder mit Schokolade überzieht.

Blüte weiß bis rosa, abgeflacht, 20–40 Döldchen

Blätter 2- bis 3-fach gefiedert, Teilblättchen eiförmig, gesägt

Blattstiele rinnenartig, Blattscheiden bauchig aufgeblasen

schwach gerillter Stängel, kahl, oft purpurn überlaufen

Vorkommen *Europa. Auwälder, Wiesen, Lichtungen, Ufer. Feuchte Standorte.*

Sammelzeit
- *Blätter/junge Triebe: April–Mai*
- *Stängel: Juni*
- *Samen/Wurzeln: Sept.*

Giftiger Doppelgänger
Hecken-Kälberkropf (Chaerophyllum temulum, S. 230)

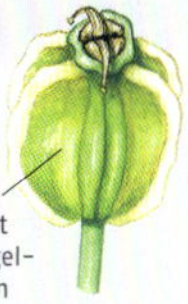

4-zählige Spaltfrucht mit geflügelten Rippen

Wiesen-Kerbel

Anthriscus sylvestris (Doldenblütler)
H 60–150 cm Mai–Juli Staude

Alle Teile dieser feinwürzig bis herb schmeckenden Pflanze dienen getrocknet als Gewürz. Die jungen Blattsprosse eignen sich roh, gekocht oder als Gemüse eingelegt. Auch spätere Blätter sind noch recht zart und man isst sie nahezu ganzjährig in Gemüsegerichten, ebenso Blüten und Wurzeln. Die Blüten sind ausgebacken im Teigmantel in süßer Form nutzbar.

Döldchen mit 4–8 Hüllchenblättern

Fiederblätter, 2- bis 3-fach gefiedert

Stängel gefurcht, nicht rotfleckig

Blüte aus 8–16 Döldchen, Dolde ohne Hüllblätter

Vorkommen *Europa. Gedüngte Wiesen, Wegränder.*

Sammelzeit
- *Blattsprosse: März–April*
- *Blätter: ganzjährig*
- *Blüten: Juni–Aug.*
- *Früchte: Juli–Sept.*

Giftige Doppelgänger
Hundspetersilie (Aethusa cynapium, S. 207), Giftiger Wasserschierling (Cicuta virosa, S. 207), Gefleckter Schierling (Conium maculatum, S. 208)

Spaltfrucht, dunkel gefärbt

Knollenkümmel

Bunium bulbocastanum (Doldenblütler)
H 30–60 cm Juni–Juli Staude

Vorkommen *Europa. Ackerränder. Mäßig trockene kalkhaltige Lehm- und Tonböden.*

Sammelzeit
- > *junge Blätter/Triebe: April–Juli*
- > *Wurzeln: Herbst–Frühjahr*
- > *Früchte: Aug.–Sept.*

Giftige Doppelgänger
Hundspetersilie (Aethusa cynapium, S. 207), Wasserschierling (Cicuta virosa, S. 207), Gefleckter Schierling (Conium maculatum, S. 208)

Der Knollenkümmel ist eine von mehreren Pflanzen, die als Erdkastanie bezeichnet werden. Er hat – wie der Name nahelegt – einen kümmelartigen Geschmack. Junge Blätter eignen sich als Gewürzkraut, in Pesto oder in Bratlingen gebacken. Die Früchte dienen als Keimsaat, Würze oder getrocknet als Vorrat. Die unverholzte Wurzel von nicht blühenden Pflanzen wird in Salat, als Wurzelgemüse oder als Chips gegessen.

Wiesen-Kümmel

Carum carvi (Doldenblütler)
H 30–80 cm Mai–Juni zweijährig

Vorkommen *Europa (außer Britische Inseln). Wiesen, Weiden, Wege.*

Sammelzeit
- > *Blätter: April–Mai*
- > *Blüten: Juni–Juli*
- > *Früchte: Aug.–Sept.*
- > *Wurzeln: von nicht blühenden Pflanzen*

Giftige Doppelgänger
Hundspetersilie (Aethusa cynapium, S. 207), Giftiger Wasserschierling (Cicuta virosa, S. 207), Gefleckter Schierling (Conium maculatum, S. 208)

Am bekanntesten in der Küche ist der Einsatz der Samen mit ihrem typisch herben Aroma. Aufgrund ihrer entblähenden Wirkung eignen sie sich als Gewürz für Brot, Käse und herzhafte Gerichte wie Sauerkraut, Kohl oder Zwiebelkuchen sowie in Spirituosen. Junge Blätter werden roh im Salat und gekocht in Gemüse gegessen. Die Wurzel eignet sich als Koch- und Backgemüse und für Suppen.

Wilde Möhre

Daucus carota subsp. *carota* (Doldenblütler)
H 30–100 cm Juni–Sept. zweijährig

Die Wilde Möhre gilt als Urform des uns bekannten Gemüses. Sie schmeckt möhrenartig, aber etwas herber. Die jungen Blätter liefern eine petersilienartige Würze für Salat, Gemüse, Pesto und Suppen. Die Blüte lässt sich in Teig ausbacken. Die Früchte dienen ebenfalls als Gewürz, Wurzeln eignen sich für Gemüsegerichte und Suppen. Aus getrockneten und gerösteten Früchten kann man einen Kaffeeersatz herstellen.

***Vorkommen** Europa. Wiesen, Acker- und Wegränder. Trockene Standorte.*

Sammelzeit
- *Blätter: April–Juni*
- *Blüten: Mai–Okt.*
- *Wurzeln: im Herbst des ersten Jahres*

Giftige Doppelgänger
Hundspetersilie (Aethusa cynapium, S. 207), Giftiger Wasserschierling (Cicuta virosa, S. 207), Gefleckter Schierling (Conium maculatum, S. 208)

Wiesen-Bärenklau

Heracleum sphondylium (Doldenblütler)
H 50–150 cm Juni–Okt. Staude

Die jungen Blätter, Stängel und Blattstängel haben einen leicht möhrenartigen Geschmack und können wie Spinat, als Gemüse und als Salat gegessen werden. Sie verfeinern Kräutersoße oder Kartoffeln. Junge Blätter schmecken gut zu Eierspeisen, als Würze in Kräuterkäse oder eignen sich – gesalzen, eingelegt oder getrocknet – als Vorrat. Außerdem nutzt man die Blüten, unreife, grüne Samen und die Wurzel.

***Vorkommen** Europa. Wiesen, Weg- und Waldränder, Gräben. Nährstoffreicher Boden.*

Sammelzeit
- *Blätter: April–Aug.*
- *Stängel/Blattstängel: Mai–Aug.*
- *Blüten: Mai–Aug.*
- *grüne Samen: Aug.–Okt.*
- *Wurzeln: Sept.–Winter*

Giftiger Doppelgänger
Riesen-Bärenklau (Heracleum mantegazzianum, S. 208)

Gewöhnliche Bärwurz

Meum athamanticum (Doldenblütler)

H 15–45 cm Mai–Juni Staude

Vorkommen *Europa (außer Skandinavien). Bergwiesen, Weiden. Trockener Boden.*

Sammelzeit
- > *Blätter/Blütenknospen: März–Mai*
- > *Wurzeln: Herbst*

Diese alte Gewürzpflanze ist fast in Vergessenheit geraten. Ihr Geschmack liegt zwischen Petersilie und Bohnenkraut, die Wurzel schmeckt sellerieartig. Zarte Blätter und Knospen eignen sich als Gewürz oder Kräutersalz. Roh verfeinern sie Salat, Kräuterbutter und Quark. In gekochten Gerichten sollte man sie erst am Ende der Garzeit zugeben, da sie schnell verbrennen. Die Wurzel eignet sich als Gemüse und als magenstärkender Bärwurz-Schnaps.

Süßdolde

Myrrhis odorata (Doldenblütler)

H 60–200 cm Juni Staude

Vorkommen *Mitteleuropa. Hecken, Waldränder. Nährstoffreicher Lehmboden.*

Sammelzeit
- > *Blätter: April–Sept.*
- > *Blüten: Mai–Juli*
- > *grüne Samen: Juli–Aug.*
- > *Wurzeln: Sept.–Winter*

Giftige Doppelgänger
Hundspetersilie (Aethusa cynapium, S. 207), Giftiger Wasserschierling (Cicuta virosa, S. 207), Gefleckter Schierling (Conium maculatum, S. 208)

Typisch für die Pflanze ist der würzig süße, lakritzartige Geschmack. Die unreifen, grünen Samen isst man roh in Müsli oder Fruchtsalat, nutzt sie als Würze oder Zuckerersatz im Kompott. Die Blätter dienen als Beigabe zu Gemüsegerichten, als Würze oder Tee. Die Wurzel eignet sich als Kochgemüse und für Suppen. Wurzel oder Blüten liefern das Aroma im Teig für süßes Gebäck, als Ansatzschnaps oder in Fruchtmus.

Kleine Bibernelle

Pimpinella saxifraga (Doldenblütler)

H 30–60 cm Juli–Okt. Staude

Aufgrund ihrer Schärfe wird die Pflanze auch Pfefferwurz genannt. Mit den gurkenartig schmeckenden jungen Blättern und Trieben würzt man z. B. Salat, Pesto, Kräuteröl, Gemüse, Kräuterbutter, Soßen oder Brotteig. Sie sind als Aroma für Getränke, in Wein eingelegt, zu Limonade oder Bowle denkbar. Die Stängel kann man roh knabbern. Aus den Blüten lässt sich Gelee oder Sirup herstellen und sie aromatisieren Kräutersalz, Essig oder Spirituosen. Die Wurzeln isst man als Gemüse oder gedörrt als Chips.

Vorkommen *Europa. Magerrasen, Heiden, Wiesen, Brachland. Trockene Standorte.*

Sammelzeit

> *junge Blätter: März–Mai*
> *Früchte: Juli–Okt.*
> *Wurzeln: Sept.–März*

57

Fenchel

Foeniculum vulgare (Doldenblütler)

H 50–200 cm Juli–Sept. Staude

Vorkommen *Westeuropa. Acker, Brachland, Straßenränder. Warme und trockene Standorte.*

Sammelzeit

> *Blätter: April–Juli*
> *Blüten: Juli–Aug.*
> *Samen: Sept.–Okt.*

Der wilde Fenchel lässt sich ähnlich wie der bekannte Gemüse-Fenchel verwenden und schmeckt auch wie dieser. Die Blätter und Stängel bieten eine schmackhafte Rohkost oder lassen sich als Gemüse zubereiten. Sie liefern getrocknet ein herrliches Gewürz. Mit Blüten und Samen lassen sich Kräuteröl, Kräuteressig oder Spirituosen aromatisieren.

Echter Pastinak

Pastinaca sativa (Doldenblütler)

H 30–100 cm Juli–Aug. zweijährig

Vorkommen *Europa (außer Skandinavien). Äcker, Wiesen- und Wegränder, Böschungen, Brachland.*

Sammelzeit

> *Blätter/Trieb(spitzen): April–Juli*
> *Blüten: Juli–Aug.*
> *Samen: Aug.–Sept.*
> *Wurzeln: Sept.–Frühjahr*

Giftiger Doppelgänger
Hecken-Kälberkropf (Chaerophyllum temulum, S. 230)

Früher gehörte die Wurzel des Pastinaks zu den wichtigen Grundnahrungsmitteln. Die Wildform lässt sich wie die Kulturform verwenden. Sie schmeckt möhrenartig und süß-scharf, die Wurzel süßlich. Letztere wird als Gemüse für Cremesuppen und Pürees genutzt. Die Blätter, Triebe und Samen eignen sich u. a. als Gewürz für Salate, Kräuterbutter, Suppen oder Kräutersalz. Samen können als Keimsaat verwendet werden.

Wiesensilge

Silaum silaus (Doldenblütler)
H 30–100 cm Juni–Sept. Staude

Die säuerlich petersilienartig schmeckenden jungen Blätter und Triebe sollte man eher roh verwenden, um das feine Aroma zu bewahren. Sie eignen sich für Kräutermischungen, im Salatdressing oder Pesto. Die Blüten dienen als Dekoration, Zugabe zu Wein und Spirituosen, als Wildpflanzensalz, Trockengewürz oder für Kräuteröl und -essig.

Vorkommen *Europa. Feuchtwiesen, Brachfluren. Kalkreicher Boden.*

Sammelzeit
- *junge Blätter: April–Mai*
- *Blüten: Mai–Sept.*

Giftige Doppelgänger
Hundspetersilie (Aethusa cynapium, S. 207), Giftiger Wasserschierling (Cicuta virosa, S. 207), Gefleckter Schierling (Conium maculatum, S. 208)

Feld-Mannstreu

Eryngium campestre (Doldenblütler)
H 15–60 cm Juli–Aug. Staude

Der Feld-Mannstreu sieht aus wie eine Distel, ist aber keine. Die jungen Triebe der süßlich schmeckenden Pflanze kann man von den Stacheln befreit und geschält als Salat, Rohkost und Spargelgemüse zubereiten. Die Wurzel eignet sich als Bratgemüse, als Vorrat eingelegt oder getrocknet und vermahlen als Streckmehl. Kandiert lässt sie sich auch als Süßigkeit naschen.

Vorkommen *Europa (außer Skandinavien). Magerrasen und -weiden, Dämme. Trockene und warme Standorte.*

Sammelzeit
- *Triebe: April–Juli*
- *Wurzeln: Sept.–Frühjahr*

Rosengewächse *(Rosaceae)*: Seite 62–64

Zur Pflanzenfamilie der Rosengewächse zählen ca. 100 Gattungen mit 3100 Arten. Bei den etwa 120 in Europa vorkommenden Arten handelt es sich um krautige Pflanzen, Sträucher und Bäume. Unter ihnen gibt es einige Sammelarten. Bei einer Sammelart oder Artengruppe (agg.) wird eine Art in Klein- bzw. Unterarten unterteilt. Dies ist z. B. bei der Brombeere der Fall, bei der ca. 300–400 Unterarten unterschieden werden können.

Generell lässt sich sagen, dass die Rosengewächse eine sehr vielgestaltige Familie sind und wenige durchgehende Merkmale besitzen.

Die Blüten dieser Familie besitzen immer eine doppelte Blütenhülle aus Kelch und Krone. In der Regel wird diese aus 5 Kelch- und 5 Kronblättern gebildet. Es gibt aber einige wenige Ausnahmen. So sind z. B. die Blüten des Aufrechten Fingerkrauts *(Potentilla erecta)* 4-zählig, und die Blüten des Frauenmantels *(Alchemilla)* besitzen keine Kronblätter. Der Blütenkelch kann noch von einem zweiten Kelch (Nebenkelch) umschlossen sein, dessen Blätter meist kleiner als die des inneren Kelchs sind.

Es handelt sich immer um radiäre Blüten mit gelben, weißen oder rötlichen Blütenkronen und zahlreichen Staubblättern.

Die meist wechselständigen Blätter der Rosengewächse können sehr vielgestaltig sein. So treten einfache, gefiederte oder gefingerte Blätter auf. Allen Arten der Familie ist gemein, dass sie Nebenblätter besitzen. Diese können sehr klein sein oder fast wie ein echtes Blatt wirken. Außerdem können sie früh abfallen und sind somit nicht immer erkennbar.
Zahlreiche Arten sind mit Stacheln (Auswüchsen an Organen einer Pflanze, z. B. bei Rosen) oder Dornen (umgebildeten Organen einer Pflanze, z. B. beim Weißdorn) besetzt.
Viele Arten bilden oberirdische Ausläufer (z. B. Erdbeeren).

Auch die Früchte der Rosengewächse sind sehr vielgestaltig und wurden zur Einteilung in Unterfamilien verwendet. Es kommen Stein-, Nuss- und Balgfrüchte sowie deren Sammelformen vor. Im Hinblick auf die Nutzung als Nahrung sind unter den Rosengewächsen insbesondere die Steinobstbäume (Apfel, Pflaume, Kirsche usw.) und Sammelfrüchte (Erdbeeren, Brombeeren usw.) von Interesse. Man sollte aber nicht vergessen, dass viele Samen (z. B. Apfelkerne, Kirschkerne usw.) neben den nahrhaften auch giftige Inhaltsstoffe besitzen, die in großen Mengen Probleme bereiten können. Daher müssen solche Kerne vor dem Verzehr unbedingt geröstet werden. Unter den krautigen Pflanzen finden sich dagegen verhältnismäßig wenige bedeutsame Nahrungspflanzen.

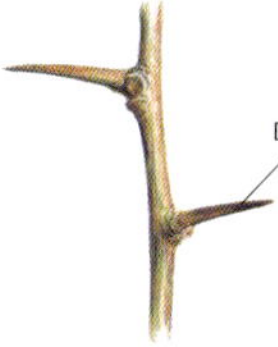

Indische Scheinerdbeere

Duchesnea indica syn. *Potentilla indica* (Rosengewächse)
H 10–30 cm Mai–Sept. Staude

Vorkommen *Mittel- und Südeuropa. Wald- und Wegränder, Hecken, Schuttplätze. Feuchte, sandige Standorte.*

Sammelzeit
> *Früchte: Aug.*

Die bodenbedeckende Pflanze sieht aus wie eine Erdbeere, ist aber keine. In der Küche sollte sie sparsam verwendet werden, da große Mengen leicht abführend wirken können. Die Früchte schmecken eher fade, können aber als Zugabe für Fruchtspeisen, Suppen, Aufläufe, Chutneys, süße Soßen, Marmelade und Fruchtschnitten verwendet werden.

Gewöhnliche Wald-Erdbeere

Fragaria vesca var. *vesca* (Rosengewächse)
H 5–20 cm Mai–Juni Staude

Vorkommen *Europa. Waldlichtungen und -ränder, Böschungen. Nährstoffreiche Standorte.*

Sammelzeit
> *Blätter: März–April*
> *Blüten: Mai–Juni*
> *Früchte: Juni–Juli*

Junge, leicht säuerliche Blätter können im Salat, Kräuterquark oder Pesto roh verarbeitet werden, lassen sich aber auch in Gemüsegerichten nutzen. Fermentiert ergeben sie einen Schwarzteeersatz. Die Früchte dienen als Zutat für Marmelade, Speiseeis, Obstquark oder eine Sommerbowle. Schmackhaft ist auch ein mit den Früchten aromatisierter Essig.

Echtes Mädesüß

Filipendula ulmaria (Rosengewächse)
H 50–150 cm Juni–Aug. Staude

Namensgebend ist die traditionelle Verwendung der Blüten zum Aromatisieren von Met (Metsüß). Sie eignen sich aber auch für Tee, Milchgetränke, Likör und als Sirup. Die Pflanze ist sparsam anzuwenden, da höhere Dosen Kopfschmerzen auslösen können. Da die Wurzel Salicylsäure (in hohen Dosierungen leberschädigend) enthält, muss sie vor Verwendung als Wurzelgemüse großzügig gewässert werden.

Vorkommen *Europa. Auwälder, Ufer, Bachläufe, Feuchtwiesen. Feuchte Standorte.*

Sammelzeit
- *Blätter: April–Mai*
- *Blüten: Juni–Aug.*
- *Wurzeln: März–April*

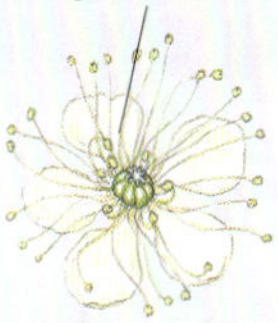

Echte Nelkenwurz

Geum urbanum (Rosengewächse)
H 30–120 cm Mai–Okt. Staude

Die Pflanze enthält Gerbstoffe sowie das schwach giftige Öl Eugenol. Sie sollte deshalb nur sparsam verwendet werden. Die Wurzel eignet sich getrocknet und gemahlen als nelkenartiges Gewürz, als Aroma für Kräuterlimonade, Gewürztee und Bierwürze oder gekocht in Suppen. Die Blätter eignen sich als Zutat im Salat oder Kräuterquark, als Gemüse, als Pesto oder Würze.

Vorkommen *Europa. Wiesen, Waldränder, lichte Wälder, Brachflächen. Nährstoffreiche Standorte.*

Sammelzeit
- *Blätter: März–April*
- *Wurzeln: Sept.–Winter*

Giftige Doppelgänger
- *Pflanzen der Gattung Hahnenfuß (Ranunculus, S. 213)*

Gänse-Fingerkraut

Potentilla anserina (Rosengewächse)

H 15–80 cm Mai–Aug. Staude

***Vorkommen** Europa. Weg- und Straßenränder, Äcker, Ufer, Brachflächen. Nährstoffreiche Standorte.*

Sammelzeit
- *Blätter: April–Mai*
- *Blüten: Mai–Aug.*
- *Wurzeln: Sept.–Okt.*

Die Pflanze, auch Silberkraut genannt, enthält viel Vitamin C. Ihre herb-säuerlichen Blätter eignen sich für Kräutermischungen, roh im Salat oder in Öl gedünstet als Gemüse sowie in Suppen. Die nussig süß schmeckende Wurzel kann man roh in Salate raspeln oder in Gemüseeintöpfen, als Backgemüse oder gegart und sauer eingelegt verwenden.

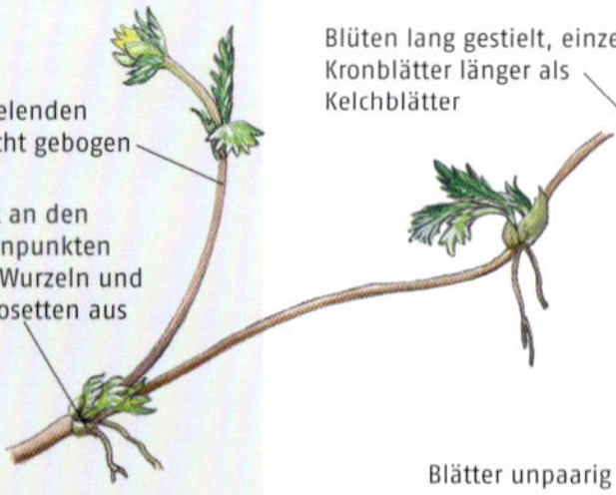

Kriechendes Fingerkraut

Potentilla reptans (Rosengewächse)

H 10–20 cm Juni–Aug. Staude

***Vorkommen** Europa. Wegränder, Äcker, Ufer, Brachflächen. Feuchte Standorte.*

Sammelzeit
- *Triebe: April–Juni*
- *Blüten: Juni–Aug.*

Die jungen, mild salatartig schmeckenden Triebe dienen als Gewürzkraut im Salat, in Salatsoßen oder getrocknet in Kräutermischungen. Die Blüten werden als essbare Dekoration verwendet. Die Wurzel kann in Gemüseeintöpfen, als Backgemüse oder sauer eingelegt zubereitet werden. Vor der Verwendung sollte man sie jedoch gründlich auskochen.

Kuckucks-Lichtnelke

Silene flos-cuculi (Nelkengewächse)
H 30–80 cm Mai–Aug. Staude

Blätter und Stängel werden so lange geerntet, wie man die zarten Stängel noch mitessen kann. Mit ihrem erbsenartig süß bis herben Geschmack verfeinern sie Salate, Butterbrote, Kräuterquark oder Teigtaschen. Ältere, bittere Blätter werden milder, wenn man sie fein geschnitten mit Salz ziehen lässt. Die Blüten sind eine feine essbare Dekoration.

Vorkommen *Europa. Fettwiesen, Sumpf- und Moorwiesen, Waldränder, Ufer, feuchte Gebüsche. Nasse, nährstoffreiche Böden.*

Sammelzeit
- *Triebe/Blätter: April–Mai*
- *Blüten: Mai–Aug.*

Taubenkropf-Leimkraut

Silene vulgaris (Nelkengewächse)
H 15–50 cm Mai–Sept. Staude

In Italien ist die Pflanze als Gourmetgemüse unter dem Namen Strigoli bekannt. Die jungen Triebe werden vor der Blüte geerntet und sind für Suppen, Nudeln, Risotto und Salat geeignet, besonders schmecken sie in Omelettes. Der Geschmack ist süßlich und erinnert an Lakritze und Erbsen. Aus dem saponinhaltigen Kraut wird auch Seifenlauge gewonnen.

Vorkommen *Gemäßigte Zonen Europas und Westasiens. Steinschutthalden, Steinbrüche, Wegränder, Böschungen, Bahndämme, trockene Wiesen. Rohbodenpionier auf Böden aller Art.*

Sammelzeit
- *Triebe/Blätter: April–Mai*
- *Blüten: Mai–Aug.*

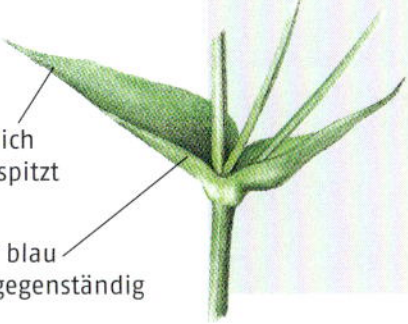

Vogel-Sternmiere

Stellaria media (Nelkengewächse)
H 3–40 cm Jan.–Nov. Staude

Vorkommen *Weltweit. Gärten, Äcker, Ödflächen, Wege, Ufer, Blumentöpfe. Sehr nährstoffreiche Böden, auch im Schatten.*

Sammelzeit
> *Blätter/Triebe/Knospen/ Samen: fast ganzjährig*

Giftiger Doppelgänger
Ackergauchheil (Anagallis arvensis, *S. 230)*

Die Vogelmiere eignet sich prima als Salatgrundlage. Dank ihres milden Geschmacks wird sie auch gern von Kindern gegessen. Verwendung findet sie in Kräuterquark, Kräuterbutter und Smoothies. Gekocht als Spinat passt sie zu Reis, Kartoffeln, Nudeln, auf Pizza und als Gemüsefüllung. Die Samen schmecken im Müsli oder als Keimsaat.

Raublattgewächse *(Boraginaceae)*: Seite 68–70

Die Pflanzenfamilie der Raublattgewächse umfasst 15 einheimische Gattungen mit ca. 50 Arten. Ihrem Namen machen diese Pflanzen durch ihre meist steife Behaarung alle Ehre – an ihr und an ihrem einheitlichen Aufbau sind sie sehr gut zu erkennen. Den Pflanzen dienen die Haare unter anderem als Schneckenabwehr.

Für die sichere Zuordnung ist es allerdings wichtig, dass auch die anderen Merkmale zutreffen, denn stark behaarte Arten gibt es nicht nur in dieser Familie. Wenn zusätzlich zur Behaarung ein 4-teiliger Fruchtknoten vorhanden ist und die Blätter wechselständig sind, kann man sicher sein, dass es sich um ein Raublattgewächs handelt. Die Blattstellung ist deshalb wichtig, weil auch die Lippenblütler einen 4-teiligen Fruchtknoten haben, ihre Blätter sind aber stets gegenständig angeordnet.

Die Blätter der Raublattgewächse sind außerdem immer ungeteilt und sie besitzen keine Nebenblätter.

Die Blüte ist 5-zählig, am Grunde verwachsen und teilt sich in 5 Kronzipfel. In ihrem Inneren befinden sich 5 Einstülpungen, die sogenannten Schlundschuppen. Die Frucht zerfällt in 4 kantige Teilfrüchte (Klausen).

Raublattgewächse enthalten in geringen Mengen Pyrrolizidinalkaloide. Man sollte sie deshalb nur gelegentlich und nur in geringen Mengen verzehren.

Arznei-Beinwell

Symphytum officinale subsp. *officinale* (Raublattgewächse)
H 30–100 cm Mai–Juli Staude

Vorkommen *Europa. Ufer, Wegränder, nasse Wiesen, Auwälder. Feuchte bis nasse, nährstoffreiche Böden.*

Sammelzeit
- > *Wurzeln: Sept.–März*
- > *Triebe und Blätter: April–Juli*
- > *Blüten: Mai–Juli*

Giftige Doppelgänger
Fingerhutarten (Digitalis spec., S. 223), vor der Blüte

Blätter und Blüten schmecken gurkenartig. Die eiweißhaltigen Blätter eignen sich nur jung in roher Form im Salat. Ältere Blätter schmecken gedünstet, in Gemüse, Suppen oder gefüllt als Kräuterroulade. In Bierteig ausgebackene Blätter sind die bekannteste Variation. Die Wurzeln schmecken gedünstet ähnlich wie Schwarzwurzeln. Blüten und Knospen sind sehr dekorativ.

Beinwell enthält in geringen Mengen Pyrrolizidinalkaloide. Man sollte ihn deshalb nur gelegentlich und nur in geringen Mengen verzehren.

Acker-Krummhals

Anchusa arvensis (Raublattgewächse)
H 20–40 cm Mai–Sept. einjährig

Vorkommen *Europa. Äcker, Weinberge, Ödflächen. Nährstoffreiche, meist kalkarme Böden.*

Sammelzeit
- > *Blätter: April–Juni*
- > *Blüten: Mai–Sept.*
- > *Wurzeln: Herbst und Frühling*

Die jungen Blätter schmecken gurkenartig und werden ausgebacken in Teig zubereitet oder fein gehackt als Gewürz in Gemüse, Soßen und Kräuterfüllungen verwendet. Ab Juni werden die Blatthaare zu dominant. Die ausgezupften Blüten würzen und dekorieren alle Arten von Käse und schmecken als Brotbelag. Die Wurzeln sind ein Geschmacksgeber für Spirituosen.

Acker-Krummhals enthält in geringen Mengen Pyrrolizidinalkaloide. Man sollte ihn deshalb nur gelegentlich und nur in kleinen Mengen verzehren.

Einjähriger Borretsch

Borago officinalis (Raublattgewächse)
H 50–80 cm Juni–Juli einjährig

Als traditionelles Gewürz für Gurkensalat verleiht Borretsch diesem einen noch intensiveren Gurkengeschmack. Frische, leicht säuerliche Blätter schmecken in Quark- oder Frischkäsezubereitungen. Gedünstet als Spinat, als Gemüsefüllung oder eingelegt in Essig oder Öl ist die Pflanze vielseitig verwendbar. Die auffälligen Blüten sind eine leckere Dekoration.

Vorkommen
Europa. Kulturland, Brachflächen, Gärten, Wegränder, Schuttflächen. Sandige, warme Standorte.

Sammelzeit
> *Triebspitzen/Blätter: April–Aug.*
> *Blüten: Mai–Sept.*

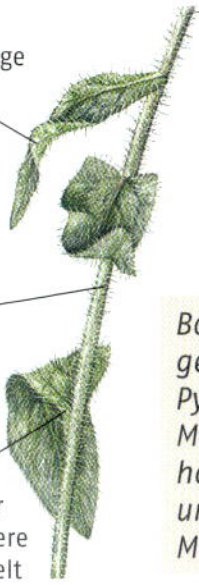

Borretsch enthält in geringen Mengen Pyrrolizidinalkaloide. Man sollte ihn deshalb nur gelegentlich und nur in geringen Mengen verzehren.

Acker-Vergissmeinnicht

Myosotis arvensis (Raublattgewächse)
H 10–40 cm April–Aug. einjährig/zweijährig

Früher wurden die blauen Blumen gern als Liebes- und Treuebeweise verschenkt. In der Küche kommen die Blüten als Dekoration von süßen und herzhaften Speisen sowie von Kräutergetränken zur Geltung. Die klein gehackten Blätter schmecken mild und werden frisch in Salaten verwendet.

Vorkommen *Europa. Äcker (besonders zwischen Getreide), Waldschläge, Schuttplätze, Ödflächen. Nährstoff- und basenreiche Lehmböden.*

Sammelzeit
> *Blätter: April–Okt.*
> *Blüten: April–Aug.*

Das Acker-Vergissmeinnicht enthält in geringen Mengen Pyrrolizidinalkaloide. Man sollte es deshalb nur gelegentlich und nur in geringen Mengen verzehren.

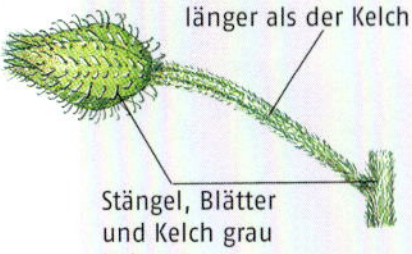

Echtes Lungenkraut

Pulmonaria officinalis (Raublattgewächse)
H 10–40 cm März–Mai Staude

Vorkommen *Fast ganz Europa. Zerstreut. Krautreiche Wälder, Waldränder, Gebüsche. Auf eher feuchten Böden.*

Sammelzeit
- *Blätter: März–Aug.*
- *Blüten: März–Mai*

Die zarten, saftigen Blätter schmecken gurkenartig und sind fein gehackt eine leckere Zutat für Salate und Dips. Gut schmecken sie über ein mit Gurkenscheiben belegtes Butterbrot gestreut. Ältere Blätter eignen sich für Spinat. Die Blüten werden frisch in Süßspeisen oder getrocknet für Tee verwendet.

Lungenkraut enthält in geringen Mengen Pyrrolizidinalkaloide. Man sollte es deshalb nur gelegentlich und nur in geringen Mengen verzehren.

Gewöhnlicher Natternkopf

Echium vulgare (Raublattgewächse)
H 25–100 cm Mai–Aug. zweijährig

Vorkommen *Europa. Wege, Bahngelände, Häfen, Schuttflächen, Ödland, Felsen, in Steinbrüchen.*

Sammelzeit
- *Blätter: April–Juni*
- *Blüten: Mai–Aug.*

Die jungen, aromatisch frischen Blätter eignen sich als Grundlage für verschiedene Salate. Ab Mai sind die Blätter zu rau und werden zu Spinat verarbeitet oder in Teig ausgebacken. Die eleganten Blüten sind eine ansprechende Dekoration und schmecken hervorragend in Kräuterbutter. Getrocknet passen sie als Farbtupfer in Kräuterteemischungen.

Der Natternkopf enthält in geringen Mengen Pyrrolizidinalkaloide. Man sollte ihn deshalb nur gelegentlich und nur in geringen Mengen verzehren.

Pfennigkraut

Lysimachia nummularia (Primelgewächse)
H 10–50 cm   Mai–Juli   Staude

Die kleinen, leicht säuerlichen Blätter eignen sich gut für Würzkräutermischungen. Die Blättchen werden zu Salaten, Kräuterbutter, Kräuterquark oder aufs Butterbrot gegeben. Sie passen auch in Kochgemüse. Die Blüten sind eine hübsche Dekoration. Blüten und Blätter ergeben zusammen einen Kräutertee, der an grünen Tee erinnert.

***Vorkommen** Mittel- und Südeuropa. Wegränder, Ufer, Gebüsche, Ödflächen. Feuchte, nährstoff- und basenreiche Böden.*

Sammelzeit

- *Blätter: bis zum ersten Frost*
- *Blüten: Mai–Juli*

Gewöhnlicher Gilbweiderich

Lysimachia vulgaris var. *vulgaris* (Primelgewächse)
H 50–100 cm   Juni–Aug.   Staude

Im April geben die Blätter Frühlingssuppen, Gemüsegerichten oder Teigtaschenfüllungen eine herbe Note. Überbrüht passen sie in Dips und Kräuterquark. Die Blüten dekorieren würzige Speisen. Die entblätterten Triebe geben Smoothies einen sauerfruchtigen Geschmack.

***Vorkommen** Europa, Nordasien. Quellen, Gräben, Auwälder, Moorwiesen. Humose Böden.*

Sammelzeit

- *Blätter: April*
- *Triebe: April–Juni*
- *Blüten: Juni–Aug.*

Gewöhnliche Wiesenschlüsselblume

Primula veris subsp. *veris* (Primelgewächse)

H 10–30 cm April–Mai Staude

Vorkommen *Mittel- und Südeuropa. Magere Rasen über Kalkgestein, niedrige Wiesen, Raine, Waldränder, lichte Wälder. An hellen Standorten.*

Sammelzeit

> *Die Schlüsselblume steht als stark gefährdet auf der Roten Liste. Es ist verboten, Wildbestände zu sammeln.*

Schlüsselblumen sind wegen ihrer Heilwirkung bekannt, doch ihr Bestand ist bei uns stark gefährdet. Sie wachsen jedoch recht unkompliziert in Blumentöpfen oder im Garten. Die weichen Blätter schmecken gedünstet von März bis April als Wildgemüse, in Salaten, Rohkost oder als Tee. Die duftenden Blüten dekorieren Salate, süße Speisen, sie färben Ostereier und aromatisieren Limonaden, Essig und Öle. Die getrockneten Blätter und Wurzeln wurden früher vermahlen als Niespulver in Schnupftabak verwendet.

Die Schlüsselblumenwurzeln enthalten Saponine, die unbekömmlich wirken können.

Wiesen-Glockenblume

Campanula patula subsp. *patula* (Glockenblumengewächse)

H 30–60 cm Mai–Aug. zweijährig

Die jungen Blätter schmecken erbsenartig und werden als mildes Gemüse verwendet. Die Blüten dekorieren herzhafte und süße Speisen. Im ersten Herbst oder vor dem Austreiben des Blütenstängels geerntete Wurzeln schmecken nussig. Sie passen in Suppen, Wurzelgemüse oder werden getrocknet und fein gemahlen als Mehlzusatz verwendet.

Vorkommen *Europa. Wiesen, Weiden, Wegränder, Brachflächen. Nährstoffreiche Böden, sonnige Standorte.*

Sammelzeit
- > *Blätter: April–Mai*
- > *Knospen/Blüten: Mai–Aug.*
- > *Wurzeln: Frühling/Herbst*

Zum Arterhalt Wurzeln sparsam und nur an Stellen mit großen Vorkommen sammeln.

Ährige Teufelskralle

Phyteuma spicatum (Glockenblumengewächse)

H 30–80 cm Mai–Juli zweijährig

In feine Streifen geschnitten entfalten die jungen Blätter roh oder gegart ihr süßliches Aroma. Die grünen Blütenknospen werden gedämpft oder wie Spargelspitzen kurz in Butter gebraten. Roh in den Salat geraspelt oder in Scheiben aufs Brot geschnitten haben die Wurzeln einen rettichartigen, gegart dagegen einen sehr milden Geschmack.

Vorkommen *Europa. Laubwälder, Mischwälder, Bergwiesen.*

Sammelzeit
- > *Triebe/Blätter: Frühling*
- > *Wurzeln: Sept.–Frühsommer*

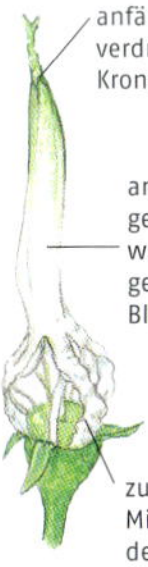

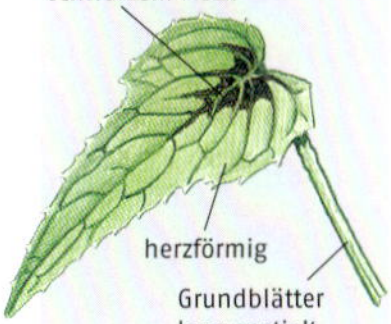

Großblütige Königskerze

Verbascum densiflorum (Braunwurzgewächse)

H 50–250 cm Juli–Aug. zweijährig

Vorkommen *Europa. Ödflächen, Schuttplätze, Wegränder, Waldschläge, Ufer. Nährstoffreiche, meist kalkhaltige Böden, sonnige Standorte.*

Sammelzeit
> *Blüten: Juli–Aug.*

Am späten Vormittag eines sonnigen Tages gesammelte Blüten behalten ihre Farbe am besten. Ihr etwas bitterer Geschmack verleiht – als Dekoration auf Salaten oder in einer Kräutersuppe – Speisen eine besondere Note. Blüten in Eiswürfeln eingefroren sind der Hit für erfrischende Getränke. Getrocknet geben sie Teemischungen ein fruchtiges Aroma.

Kleinblütige Königskerze

Verbascum thapsus subsp. *thapsus* (Braunwurzgewächse)

H 30–170 cm Juli–Sept. zweijährig

Vorkommen *Mittel- und Südeuropa, Westasien. Wegränder, Kiesgruben, Schotterfluren, Waldschläge, Dämme, Ufer. Steinige, mäßig trockene Böden, sonnige Standorte.*

Sammelzeit
> *Blüten: Juli–Sept.*

Mit ihrer stolzen aufrechten Haltung erscheint die Königskerze recht majestätisch. Die in Wachs oder Harz getauchten, getrockneten langen Stängel werden als lichtspendende Fackeln eingesetzt. In der Küche ist sie wie die Großblütige Königskerze zu verwenden.

Purpur-Fetthenne

Sedum telephium subsp. *telephium* (Dickblattgewächse)
H 30–80 cm   Juli–Sept.   zweijährig

Die zarten, saftigen Blätter erinnern an grüne Paprika und sind eine schmackhafte Beigabe zu Wildgemüsen. Zieht man die feine, pergamentartige Haut ab, kommt der feine Geschmack besonders zur Geltung. Die Blätter eignen sich auch zum milchsauren Einlegen. Die bohnengroßen Wurzelknöllchen werden gekocht oder gebraten verwendet.

***Vorkommen** Europa. Gebüschränder, Schuttplätze, Wege, Äcker, Felsen. Auf meist steinigen Untergründen.*

Sammelzeit
> *Blätter: April–Juni*
> *Wurzeln: Sept.–Frühjahr*

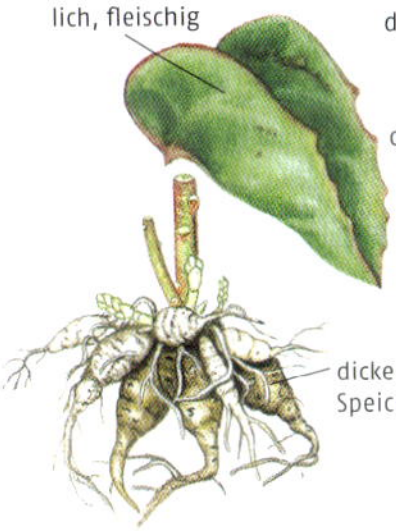

Roh sollte die Pflanze nur sparsam verzehrt werden. Der Pflanzensaft ist sehr intensiv und wird in der Volksheilkunde zum Aufweichen von Hühneraugen und zur Behandlung von Warzen benutzt.

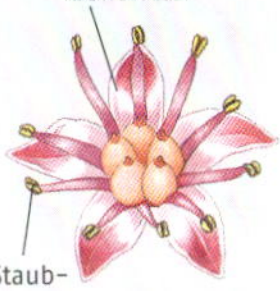

Weiße Fetthenne

Sedum album var. *album* (Dickblattgewächse)
H 8–20 cm   Juni–Sept.   zweijährig

Die dicklich runden, nach grünem Paprika schmeckenden Blätter oder die oberen 5 cm der Triebe sind in der frostfreien Zeit saftig und weich. Klein geschnitten schmecken sie roh in Tzatziki, Omelettes, Rührei, Spinat, Suppen und Gemüsen. Der gelartige Saft der frischen Blätter lindert Hautausschläge, Verbrennungen und Sonnenbrand.

***Vorkommen** Europa. Pionier auf Felsen, Mauern, Kiesdächern, Trockenrasen, steinigen Ödflächen.*

Sammelzeit
> *Blätter/Triebe: April–Mai, frostfreie Zeit*

Die Weiße Fetthenne ist die einzige Futterpflanze der Raupe des sehr seltenen Apollofalters. Durch Aussaat der Pflanze im Garten werden mehr Lebensräume geschaffen.

Gewöhnliches Tellerkraut

Claytonia perfoliata (Portulakgewächse)
H 7–20 cm April–Juni einjährig

Vorkommen *Mitteleuropa. Verwilderte, aus Nordamerika stammende Salatpflanze. Gärten, Baumschulen, Parks, an Mauern. Nährstoffreiche, halbschattige Böden.*

Sammelzeit
> *Blätter: April–Mai*
> *Blüten: April–Juni*
> *Wurzeln: Wachstumsperiode*

Die zarte und milde Pflanze ist in allen Teilen essbar. Gegart ähnelt sie geschmacklich dem Blattspinat. Roh hat sie einen leicht säuerlichen Geschmack, der dem Feldsalat ähnlich ist. Die weißen Blüten eignen sich als Dekoration. Die zarten, süßlich schmeckenden, stärkehaltigen Wurzeln reichern Suppen und Salate an.

Europäischer Portulak

Portulaca oleracea subsp. *oleracea* (Portulakgewächse)
H 10–30 cm Juni–Sept. einjährig

Vorkommen *Nahezu weltweit in gemäßigt warmen Regionen. Äcker, Wegränder, Weinberge, Gärten. Nährstoffreiche, lockere Lehm- und Sandböden.*

Sammelzeit
> *Triebe/Blätter: April–Mai*
> *Blüten: Mai–Juni*
> *Samen: Aug.–Okt.*

Die milden, saftigen Blätter und Triebe schmecken am besten frisch als Salat. Man erntet nur die Triebspitzen, so wächst die Pflanze ständig nach. Gekocht wirkt Portulak leicht andickend. Die Blüten sind sehr dekorativ. Die getrockneten und gemahlenen Samen sind ein nussiger Mehlzusatz für feines Gebäck.

Wald-Sauerklee

Oxalis acetosella (Sauerkleegewächse)

H 5–12 cm April–Mai Staude

Schon ab März streckt der Sauerklee seine zitronig säuerlichen Blätter aus der Erde. Frisch sind sie in Salaten, Soßen, Suppen und Smoothies ein Ersatz für Essig oder Zitrone. Die dekorativen Blätter und Blüten sind eine gute Zutat für erfrischende Wildkräuterlimonaden. Wurzeln und Stiele können ebenfalls mit verarbeitet werden. Sauerklee ist als Gegenmittel bei Arsen- und Quecksilbervergiftungen bekannt.

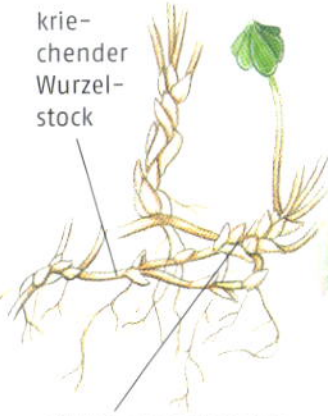

Wald-Sauerklee enthält Oxalsäure. Der regelmäßige Verzehr über mehrere Monate kann zu Nierenschäden führen. Oxalsäure wird durch Kochen und Abgießen des Kochwassers entfernt.

Vorkommen *Europa. Wälder. Meist in großen Gruppen auf frischen, feuchten, modrigen Böden. Sehr schattenverträglich.*

Sammelzeit

> *Blätter: vor der Blüte*
> *Blüten: April–Mai*
> *Wurzeln: ganze Vegetationsperiode*

Tüpfel-Johanniskraut

Hypericum perforatum (Hartheugewächse)

H 30–60 cm Juli–Aug. Staude

Die herb-aromatischen Blätter schmecken im zeitigen Frühjahr in Salaten. Später werden sie zum Aromatisieren von Tee, Wein und Likören genutzt. Die Blüten eignen sich als Dekoration auf Desserts, Salaten oder in Kräuterlimonaden. Zarte Blättchen und Blüten – frisch oder getrocknet heiß aufgegossen – ergeben einen »Glücklichmacher-Tee«, denn Johanniskraut wirkt stimmungsaufhellend.

Verwechslung mit stark giftigen Greiskrautarten (Senecio) möglich. Deren Stängel sind jedoch hohl und die Kelchblätter spitz.

Vorkommen *Europa. Magere Weiden, Rasen, Heiden, Ödflächen, Gebüsch-/Waldränder, Schuttplätze. Feuchte, magere, kalkarme Böden.*

Sammelzeit

> *Triebe/Blätter: März–Mai*
> *Blüten: Juni–Sept.*

Giftige Doppelgänger

Greiskraut-/Kreuzkrautarten (Senecio, S. 218)

Sumpf-Dotterblume

Caltha palustris var. *palustris* (Hahnenfußgewächse)

H 15–30 cm April–Mai Staude

***Vorkommen** Europa. Sumpfwiesen, Auwälder, Gräben, Quellen, Bäche. Nasse, nährstoffreiche Böden.*

Die Sumpf-Dotterblume steht als stark gefährdet auf der Roten Liste. Es ist verboten, Wildbestände zu sammeln

Diese erst im 9.–10. Lebensjahr blühende Pflanze ist roh giftig. Die Knospen überbrüht man mit kochendem Wasser, lässt sie 3 Stunden stehen und gießt sie dann ab. In einer Marinade (1 Liter Essig, 25 g Salz, 25 g Zucker, 1 Lorbeerblatt, Pfeffer) 10 Minuten kochen. Kühl aufbewahren. Passt zu Borschtsch und Fleischgerichten.

Der Verzehr roher Blättern und Knospen kann die Schleimhäute reizen. Das giftige Anemonin verliert sich jedoch beim Trocknen der Pflanze.

Gelbe Teichrose

Nuphar lutea (Seerosengewächse)

H 50–250 cm Juni–Aug. Staude

***Vorkommen** Europa. Stehende und langsam fließende Gewässer mit bis 6 m Tiefe.*

Sammelzeit

> *Samen: Aug.*

Die Samen der Gelben Teichrose sind geröstet essbar. Die Wurzeln werden als Mehl verwendet (Zubereitung siehe Weiße Seerose, S. 112). In einzelnen Gegenden wird die Pflanze als Viehfutter genutzt. In der Türkei gewinnt man aus den Blumen durch Destillation ein kühlendes Getränk (Pufer ciceghi).

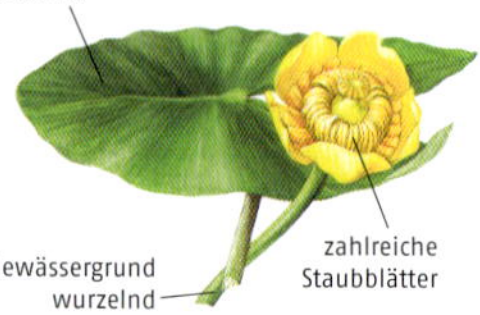

Die ganze Pflanze enthält in geringen Mengen blutdruckwirksame Alkaloide, besonders im Wurzelstock. Überlieferte Verwendungen sind mit Vorsicht zu handhaben.

Zurückgekrümmter Fuchsschwanz

Amaranthus retroflexus (Fuchsschwanzgewächse)

H 15–100 cm   Juli–Sept.   einjährig

Der Zurückgekrümmte Fuchsschwanz – auch Wilder Amaranth – ist eine stärkereiche Pflanze. Er kann in der Küche ebenso vielfältig eingesetzt werden wie in der Nahrungsmittelindustrie. Die Samen eignen sich als Getreideersatz, die jungen Blätter zu Salaten, Suppen, Spinat, Soßen etc. Ihr Geschmack ist mild und wenig würzig.

Vorkommen *Mitteleuropa. Müllplätze, Wegränder, Äcker, Ödland. Sehr nährstoffreiche Böden.*

Sammelzeit

> *Blätter/Triebspitzen/Blütenstände: März–Aug.*
> *Samen: Sept.–Okt.*

Weißer Gänsefuß

Chenopodium album (Gänsefußgewächse)

H 20–150 cm   Juli–Okt.   einjährig

Die frischen, noch weichen Triebe und Blätter erntet man vor der Knospenbildung und verwendet sie wie Spinat. Als Salatgrundlage oder in Smoothies haben sie einen spinatartigen, nussig herben Geschmack. Knospen und Blütenstände werden als Brokkoli-Ersatz zubereitet. Die »Nüsschen« schmecken roh, über den Salat gestreut oder als getrocknete Samen zu Brei gekocht.

Aufgrund der enthaltenen Oxalsäure und Saponine sollte man die Pflanze nur in geringen Mengen verzehren und das Kochwasser wegschütten.

Vorkommen *Europa. Krautbestände, Schuttplätze, Äcker, Gärten, Weg-/Straßenränder. Nährstoffreiche Böden.*

Sammelzeit

> *Blätter/Triebe: April*
> *Samen: Aug.–Sept.*

Giftiger Doppelgänger

Stechapfel (Datura stramonium, S. 209), vor der Blüte

Knöterichgewächse *(Polygonaceae)*: Seite 82–84

Die Pflanzenfamilie der Knöterichgewächse ist vor allem in den gemäßigten nördlichen Zonen zu finden. Die weltweit bekannteste Kulturpflanze ist der Buchweizen und die Gattung Ampfer *(Rumex)*, zu der der Rhabarber zählt. Arten der Gattung Ampfer werden auf den Seiten 141–143 ausführlicher beschrieben.

Die heimischen Knöterichgewächse haben meist ganzrandige, wechselständige Blätter. Der lateinische Familienname ist von den griechischen Wörtern *poly* = viel und *goni* = Knoten, Gelenk abgeleitet und gibt Aufschluss über ein wichtiges Erkennungsmerkmal an den Stängeln der Pflanzen: Am Übergang von Stängel zu Blatt befindet sich eine charakteristische Blattscheide, die sogenannte Ochrea. Dadurch entsteht an jeder Blattachse eine Verdickung am Stängel, die besonders bei jungen Pflanzen deutlich zu erkennen ist.

Die Blüten stehen entweder einzeln oder zu vielen gruppiert in ährigen bis rispigen oder auch kopfigen bis doldigen Blütenständen in den Blattachseln und am Ende der Sprosse. Die Einzelblüten bestehen aus einer 5-zähligen Blütenhülle – eine Gliederung in Kelch und Krone fehlt – sowie 8 Staubblättern. Die Frucht ist eine kantige Nuss. Knöterichgewächse vermehren sich über starke, ausdauernde Rhizome.

Verwechslungsmöglichkeiten:
Die Ochrea unterscheidet die Pflanzen eindeutig von den ähnlichen Gänsefußgewächsen. Ein ähnliches Merkmal gibt es nur bei den Laichkrautgewächsen, die aber ausschließlich Wasserpflanzen sind. Bis auf den Wasserknöterich *(Persicaria amphibia)* sind alle Knöterichgewächse Landpflanzen.

Knöterichgewächse sind essbar. Da sie Schwermetalle und Giftstoffe aus dem Boden aufnehmen, sollte beim Sammeln unbedingt auf den Standort geachtet werden.

stark gestauchte Blütenstände
Blütenstände in den Blattachseln oder endständig

8 Staubblätter
5-zählige Blütenhülle ohne Kelchblätter

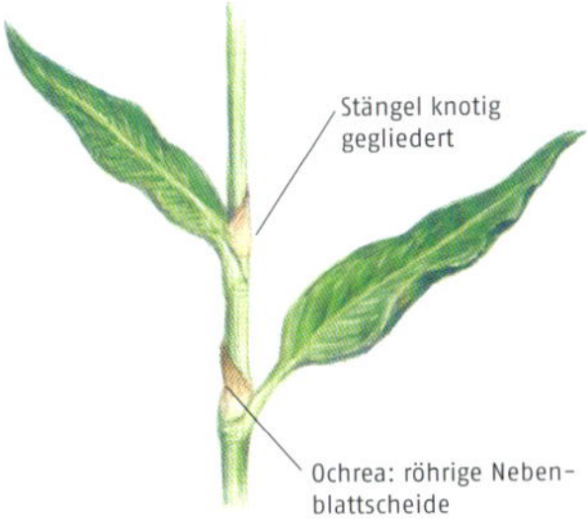
Stängel knotig gegliedert
Ochrea: röhrige Nebenblattscheide

Echter Buchweizen

Fagopyrum esculentum (Knöterichgewächse)
H 15–60 cm   Juli–Okt.   einjährig

Vorkommen *Gemäßigte Gebiete aller Kontinente. Acker- und Gartenkrautgesellschaften.*

Sammelzeit
> *Samen: Aug.–Sept.*

Die frisch geernteten, nussig schmeckenden Samen finden, in Wasser weich gekocht, Anwendung in Risottos. In warmem Wasser eingeweicht schmecken sie in allerlei Salaten oder dienen als Grundlage für Bratlinge. In Milch gekocht lassen sich leckere Süßspeisen zubereiten. Getrocknet und gemahlen ist das Mehl in Pfannkuchen, Brot und Gebäck verwendbar.

Der Verzehr von ungeschältem Buchweizen kann Allergien auslösen. Man sollte ihn deshalb heiß waschen oder kochen und dann den roten Schleim abschöpfen.

Japanischer Flügelknöterich

Fallopia japonica var. *japonica* (Knöterichgewächse)
H 100–200 cm   Juli–Sept.   Staude

Vorkommen *Mitteleuropa, Asien. Auwälder, Gärten, nährstoffreiche Krautfluren.*

Sammelzeit
> *Triebe: März–April*
> *Wurzeln: Aug.–Sept.*

Junge Triebe werden bis 20 cm Höhe geerntet. Sie schmecken säuerlich süß. In feine Ringe geschnitten gibt man sie roh zu Salat oder knabbert sie in Salz gedippt. Sie lassen sich zu Fruchtaufstrich und Kompott verarbeiten oder gedünstet als Beigabe in Suppen, Gemüsepüree oder für süßsaure Gerichte verwenden. Große Blätter dienen zum Einwickeln von Feuerkartoffeln. Bitte nicht selber anbauen, siehe Seite 14.

Bei der Wildernte auf den Standort achten. Die Pflanze wird zur Sanierung von schwermetall- und giftstoffverseuchten Böden eingesetzt.

Schlangen-Wiesenknöterich

Bistorta officinalis subsp. *officinalis* (Knöterichgewächse)

H 20–100 cm Mai–Aug. Staude

Die jungen, säuerlichen Blätter eignen sich als Salatgrundlage und für Smoothies. Gekocht werden sie wie Spinat zubereitet oder in Gemüsegerichte gemischt. Die klein geschnittenen, über Nacht eingelegten Wurzeln kocht man als Gemüse oder verarbeitet sie zu Bratlingen. Sie wirken im Mund zusammenziehend. Getrocknet lassen sie sich zu Mehl vermahlen. Die nussig schmeckenden Samen kann man pur knabbern.

Vorkommen *Mitteleuropa. Feuchtwiesen, Gräben, Moore, auf Wasseradern.*

Sammelzeit

- *Blätter: April–Aug.*
- *Samen: ab Aug.*
- *Wurzeln: Sept.–Mai*

Da die rohe Pflanze Oxalsäure enthält, sollte man sie nur ab und zu und in kleinen Mengen verzehren.

Wasserpfeffer-Knöterich

Persicaria hydropiper (Knöterichgewächse)

H 25–60 cm Juli–Sept. einjährig

Die jungen Triebe, Blätter und Blüten werden frisch oder getrocknet als Gewürz in der Küche verwendet. Sie schmecken pfefferartig scharf und herb. In der japanischen Küche dienen frische Wasserpfefferblätter als Dekoration von Salaten oder Reisgerichten. Die Samen sind wie Pfeffer zu verwenden.

Vorkommen *Eurasien, Nordamerika. Gräben, Ufer, Waldwege. Stickstoffreiche, humose Ton- oder Schlammböden.*

Sammelzeit

- *Triebspitzen/Blätter: März–Juni*
- *Samen: Sept.*

Der hohe Gehalt an ätherischen Ölen kann reizend auf Schleimhäute und Harnwege wirken.

Breitblättriger Acker-Vogelknöterich

Polygonum aviculare subsp. *aviculare* (Knöterichgewächse)
H 5–50 cm Mai–Nov. einjährig

Vorkommen *Weltweit. Trittrasen, Äcker, Feldwege, Straßenränder, Gärten.*

Sammelzeit
> *Blätter: Mai–Juni*
> *Samen: Aug.–Okt.*

Die sehr jungen Triebe und Blätter schmecken mild und werden in kräftigen Salaten, Kräutermischungen und Smoothies verarbeitet. Die älteren Blätter verwendet man klein geschnitten in Quark, Suppen, Pfannkuchen oder gedünstet als Gemüse. Die Samen streut man über Müslis, Kartoffeln oder Gemüsegerichte und verarbeitet sie in Bratlingen.

Der zum Verwechseln ähnliche Unbeständige Acker-Vogelknöterich (Polygonum aviculare subsp. rurivagum) unterscheidet sich nur durch die lanzettliche Form seiner Blätter. Er ist genauso zu verwenden.

Lauchgewächse *(Alliaceae)*: Seite 86–88

Die etwa 800 Arten der Pflanzenfamilie der Lauchgewächse sind über viele Klimazonen auf unterschiedlichen Standorten der Nordhalbkugel verbreitet. Sie sind in der Regel krautig, nie verzweigt, werden kaum höher als 50 cm und bilden einen mehr oder weniger langen unbeblätterten Blütenstandschaft. Die doldigen Blütenstände sind manchmal fast kugelrund und vor der Blüte durch ein Hüllblatt verschlossen. Dieses reißt zur Blüte ein und gibt bis zu einige Hundert kleine, sternförmige Blüten mit je 6 Kronblättern frei. Die Farbe variiert, meist sind die Blüten jedoch weiß oder blassviolett, manchmal rot. Die Fruchtstände sind kleine, in 3 Teile eingeschnürte Kapseln, die zuerst grün und bei Reife schwarz glänzend sind. Man findet sie an der Außenseite der kleinen Blütenköpfchen.
Die Zwiebeln der Wildarten sind recht klein, sitzen einem Rhizom auf und kommen daher auch mit feuchteren Standorten zurecht. Andere Arten bilden Schalenzwiebeln und benötigen während ihrer Entwicklung trockene Standorte oder Perioden. Das von der Zwiebel ausgehende Laub ist in der Regel sehr lang und zeichnet sich durch mehr oder minder gut sichtbare parallele Nerven aus. Viele Laucharten besitzen in sich geschlossene Blätter, die bis an die Spitze zu Röhren verwachsen sind (Schnittlauch). Manche Arten besitzen auch einfaches Laub (Bär-Lauch). Die Pflanzen sind an ihrem scharfen, typisch schwefelhaltigen Geruch gut zu erkennen.

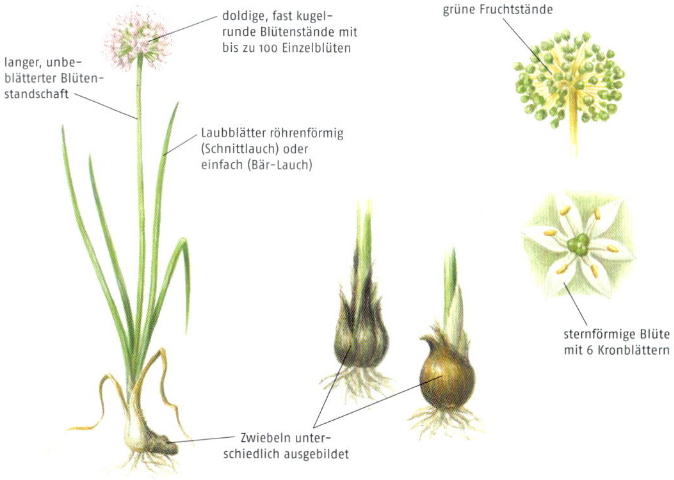

Bär-Lauch 003

Allium ursinum (Lauchgewächse)

H 20–50 cm Mai Staude

Vorkommen *Europa. Laub- und Auwälder. Humusreiche Böden an meist schattigen Standorten.*

Sammelzeit

> Blätter: März–April

Giftige Doppelgänger

Gewöhnliches Maiglöckchen, Herbst-Zeitlose (S. 215), Gefleckter Aronstab (S. 204)

Wenn es an manchen Stellen im Wald im Frühling stark nach Knoblauch duftet, dann wächst dort Bärlauch. Wo er heimisch geworden ist, breitet er sich gern üppig aus. Verwendet werden die klein geschnittenen jungen Blätter auf Brot mit Butter, in Kräuterquark oder in Pestos. Die Knospen schmecken einfach so oder eingelegt wie Kapern. Getrocknet verlieren die Blätter ihr Aroma.

Das Ernten von Bärlauch in Naturschutzgebieten ist verboten. Außerhalb der Schutzgebiete ist das Sammeln für den Hausgebrauch erlaubt. Für die Ernte größerer Mengen in natürlichen Beständen ist eine Genehmigung der zuständigen Behörde, z. B. des Forstamts nötig.

Dreikantiger Lauch

Allium triquetrum (Lauchgewächse)

H 10–50 cm März–Mai Staude

Mit dem Dreikantigen Lauch beginnt auf Korsika der Frühling. Ab Mitte März wachsen diese zarten Pflanzen, deren Kraut in der Küche wie Zwiebeln und deren Knolle wie Knoblauch verwendet wird. Auch ein schmackhaftes Pesto als Brotaufstrich lässt sich daraus herstellen. Die Blüten dienen der Dekoration von Salaten.

Vorkommen *Mittelmeerraum von der Iberischen Halbinsel bis Italien und in einzelnen Gebieten in Frankreich. Feuchte, schattige Gebüsche und Gräben.*

Sammelzeit

- *Blätter: vor der Blüte*
- *Knospen/Blüten: März–Mai*
- *Zwiebel: Herbst oder Frühjahr*

Schnittlauch

Allium schoenoprasum (Lauchgewächse)

H 10–30 cm Juni–Juli Staude

Die bekanntesten Rezepte, bei denen Schnittlauch zum Einsatz kommt, sind Butterbrot mit Schnittlauchröllchen und vor allem Eierspeisen wie Omelette, Spiegelei, Eiersalat oder Rührei. Die essbaren Blüten sind in Salaten ein bunter Hingucker, die reifen Samen dienen getrocknet als pfeffriges Gewürz.

Vorkommen *Europa. Gärten, lockere Sand- und Felsrasen.*

Sammelzeit

- *Blätter: vor der Blüte*
- *Knospen/Blüten: Mai–Juli*
- *Samen: Aug.*

Kohl-Lauch

Allium oleraceum (Lauchgewächse)

H 30–60 cm Juli–Aug. Staude

***Vorkommen** Europa. Trockene Rasen, Hecken, Weinberge, Schutzmauern, Bahntrassen. Lockere, basenreiche, etwas stickstoffhaltige Böden. Selten auf nassen Wiesen.*

Sammelzeit
- *Blätter: Herbst–Frühling*
- *Zwiebeln: Sommer*

Mit dieser auch als Gemüse-Lauch bezeichneten Pflanze ist nicht der Porree gemeint, sondern eine in früheren Zeiten häufiger kultivierte Wildart. Sie treibt im Herbst frisches schnittlauchartiges Laub und im Frühjahr einen Blütenstängel, auf dem sich unzählige Brutzwiebeln bilden. Alle Pflanzenteile sind wie Lauch zu verwenden.

Weinbergs-Lauch

Allium vineale (Lauchgewächse)

H 30–70 cm Juni–Juli Staude

***Vorkommen** Mitteleuropa. Weinberge, Wiesen, Felder, Gebüsche, Wegränder, Streuobstwiesen, sonnige Hügel.*

Sammelzeit
- *Blätter: vor der Blüte*
- *Knospen/Blüten: März–Mai*
- *Zwiebeln: Herbst oder Frühjahr*
- *Samen: Aug.*

Die neuen Blättchen erscheinen ab dem Spätsommer und halten viel Kälte aus. Sie schmecken auch im Winter kräftig nach Lauch. Die zahlreichen Brutzwiebeln nutzt man zur Vermehrung oder zum Verzehr. Die gesamte Pflanze kann roh, gekocht oder geröstet gegessen werden. Getrocknete Samen dienen als pfeffriges Gewürz.

Gemüse-Spargel

Asparagus officinalis (Spargelgewächse)

H 60–150 cm Mai Staude

Die grünen oder hellen Triebe bereitet man auf die gleiche Art und Weise zu wie die des käuflichen Spargels. Spargel schmeckt auch roh, das typische Aroma entfaltet sich jedoch erst beim Kochen. Die aus den Beeren separierten Samen werden getrocknet, geschrotet, geröstet und als Kaffee aufgebrüht, der kaum von feinem Mokka zu unterscheiden ist.

Vorkommen *Süd- und Mitteleuropa. Dämme, Wegränder, Dünen, kultiviert. Trockene, mäßig nährstoffreiche Böden.*

Sammelzeit

- *Triebe: April–Mai*
- *Samen (in den Beeren): Aug.*

Die Beeren des Gemüse-Spargel gelten als unbekömmlich und können zu Magenbeschwerden führen.

Korbblütler *(Asteraceae)*: Seite 92–110

Die Pflanzenfamilie der Korbblütler ist mit ca. 1300 Gattungen und 21 000 Arten die weitaus größte Pflanzenfamilie. Bei den ca. 4000 heimischen Arten handelt es sich ausschließlich um krautige Pflanzen. Namensgebend für diese Familie ist der korbähnliche Blütenstand. Alle Arten besitzen ein Blütenkörbchen bzw. -köpfchen. Diese sind dadurch gekennzeichnet, dass viele ungestielte Einzelblüten dicht gedrängt auf einem Blütenboden zusammenstehen und wie eine Einzelblüte wirken.

Die meist 5-zähligen Einzelblüten sind entweder zu Zungen- oder Röhrenblüten verwachsen. Je nach Art sind beide Blütenformen oder nur Zungenblüten (z. B. Wiesen-Löwenzahn) bzw. Röhrenblüten (z. B. Strahlenlose Kamille) vorhanden. Der Gesamtblütenstand ist stets von einem Scheinkelch aus Hüllblättern umgeben. Dabei handelt es sich um Hochblätter und nicht um Kelchblätter (Letztere umhüllen immer nur eine Einzelblüte). Die Anordnung dieser Hüllblätter stellt ein wichtiges Bestimmungsmerkmal dar.
In der Regel bilden die Pflanzen einen Hauptstängel aus, der sich nicht oder nur im oberen Bereich verzweigt. Die Blätter zeigen sich

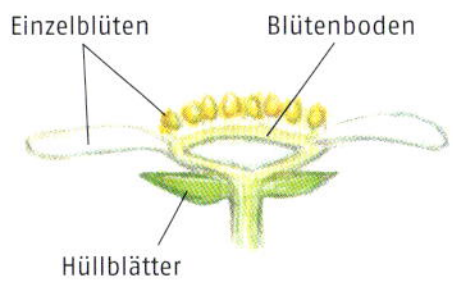

Korbblüte: Blütenboden flach

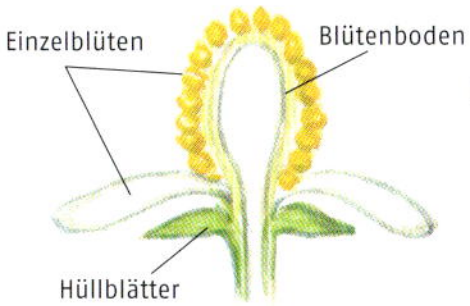

Korbblüte: Blütenboden gewölbt

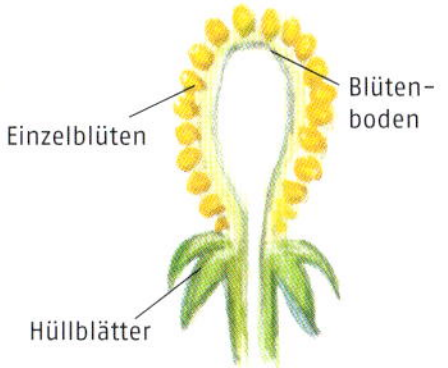

Korbblüte: Köpfchen

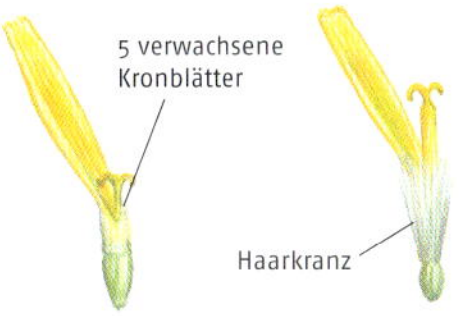

Zungenblüten

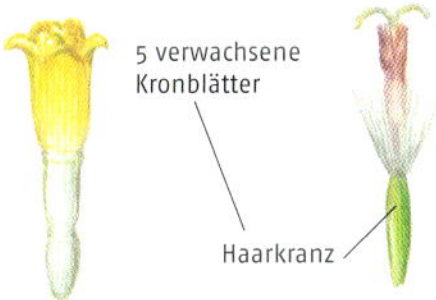

Röhrenblüten

Achäne

oft in Form einer bodenständigen Rosette. Stängelblätter sind meistens wechselständig und ohne Nebenblätter. Die Form der Blätter ist sehr vielgestaltig, es gibt jedoch keine 3-teiligen oder fingerförmigen.Als Frucht wird oft eine Achäne (Sonderform der Nuss) mit Flugschirm bzw. Haarkrone (Pappus) gebildet, die viele fette Öle enthält.Korbblütler bilden oft eine Pfahlwurzel oder ein Rhizom als Energiespeicher, die viele Kohlenhydrate (z. B. Inulin) enthalten. Die meisten Arten zeichnen sich durch einen würzigen (z. B. Kamille) bis bitteren Geruch (z. B. Klette) aus, der durch ätherische Öle verursacht wird. Im Geschmack sind alle leicht, viele jedoch sehr bitter. Der bittere Geschmack lässt sich durch längeres Wässern mildern.

Bei den Korbblütlern handelt es sich um eine Familie mit wichtigen Nutz-, Nahrungs- und Heilpflanzen, zu der z. B. Sonnenblume, Kopfsalat, Artischocke, Wermut, Kamille, Sonnenhut und Arnika gehören. Sie enthält viele essbare Arten, die viel Energie liefern, weit verbreitet und sicher zu bestimmen sind. Dagegen gibt es nur wenige leicht giftige Arten (z. B. Kreuzkräuter), die meist durch einen unangenehmen bzw. mohnartigen Geruch (z. B. Gift-Lattich) auffallen. Es ist jedoch zu beachten, dass die Pflanzenfamilie im Allgemeinen im Verdacht steht, allergieauslösend zu sein. Außerdem wird nach neueren Erkenntnissen die Nutzbarkeit einiger Arten (z. B. Huflattich) aufgrund der enthalten Pyrrolizidinalkaloide infrage gestellt.

Wiesen-Schafgarbe

Achillea millefolium (Korbblütler)

H 20–120 cm   Juli–Sept.   Staude

Vorkommen *Europa. Wiesen, Weiden, Wegränder. Trockene Standorte.*

Sammelzeit
- *Blätter: März–Aug.*
- *Blüten: Juli–Sept.*
- *Samen: Juni–Okt.*

Die herb-würzige Schafgarbe ist ein kräftigendes Frühlingsgewürz. Die jungen Blätter passen gut in eine Frühlingssuppe oder fein geschnitten in Salat, Quark und Kräuterbutter. Sie lassen sich zu Kräutersalz verreiben oder zu Kräuteröl und -essig verarbeiten. Aus Blüten und Blättern kann man einen wohltuenden Tee aufbrühen bzw. Likör oder Kräuterwein ansetzen.

Der Saft kann bei Kontakt zu starken Hautreizungen (allergische Ausschläge) führen.

Kanadisches Berufkraut

Conyza canadensis (Korbblütler)

H 20–100 cm   Juli–Okt.   einjährig

Vorkommen *Europa. Äcker, Brachflächen, Lichtungen, Wegränder.*

Sammelzeit
- *Blätter: April–Juli*
- *Blütenknospen: Juni*

Das Kanadische Berufkraut lässt sich aufgrund seines bitter-würzigen Geschmacks gut als kräftige Würze verwenden. Die Blätter eignen sich für Kräuterquark, Kräutersalz, als Kräuterbutter und zu Kräuterkartoffeln. Man kann sie in Wasser ausziehen, um die Bitterkeit zu mindern. Die Blütenknospen lassen sich wie Kapern einlegen.

Gänseblümchen 004

Bellis perennis (Korbblütler)
H 5–15 cm März–Nov. Staude

Das Gänseblümchen wird auch Tausendschön genannt. Es enthält Inhaltsstoffe, die in größeren Mengen zu Übelkeit und Erbrechen führen können, und sollte daher sparsam verwendet werden. Die nussartig, später bitter schmeckenden Blätter kann man roh im Wildsalat, als Brotbelag und in Kräuterbutter oder -quark nutzen. Die Blüten eignen sich als nussige Zugabe zum Kuchenteig.

***Vorkommen** Europa. Wiesen, Weiden, Rasen, Wegränder. Nährstoffreicher Boden.*

Sammelzeit
> *Blätter/Blüten(knospen): März–Sept.*

Wiesen-Margerite

Leucanthemum vulgare (Korbblütler)
H 20–70 cm Mai–Okt. Staude

Die Blütenknospen und jungen Triebe lassen sich in Öl ausbacken und erinnern an Zucchini oder in Essig eingelegt an falsche Kapern. Die leicht süßlichen Blüten ergeben eine schöne Dekoration für Salate und Desserts. Die junge Blattrosette – vor der Blüte – eignet sich als Gemüse, in Suppen, Salaten, oder Spinat. Die Wurzeln können wie Rüben verwendet werden.

***Vorkommen** Europa. Waldränder, Wiesen, Weiden, Äcker, Brachland. Warme Standorte.*

Sammelzeit
> *Blütenknospen/Blüten: Mai–Okt.*
> *Blätter: März–April*
> *Wurzeln: Sept.–März*

Giftiger Doppelgänger
Jakobs-Kreuzkraut (Senecio jacobaea, S. 218)

Strahlenlose Kamille

Matricaria discoidea (Korbblütler)
H 5–30 cm Juni–Aug. einjährig

***Vorkommen** Europa. Rasenflächen, Wege. Besonders in Siedlungsnähe.*

Sammelzeit
> *Blätter: April–Mai*
> *Blüten: Juni–Aug.*

Die gelben, fruchtigen Blüten, an denen namensgebend die typischen Zungenblüten fehlen, eignen sich für Soßen, Sirup, kandiert als Süßigkeit, als Tee, im Wein oder im Obstsalat (blanchiert). Die leicht herben Blätter kann man für Kräutermischungen, als Dekoration für Salate und als Brotbelag verwenden. Die jungen Triebspitzen passen geschmacklich zu Reisgerichten.

Echte Kamille

Matricaria recutita (Korbblütler)
H 15–40 cm Mai–Aug. einjährig

***Vorkommen** Europa. Felder, Wiesen, Wege, Ödland. Nährstoffreicher Boden.*

Sammelzeit
> *Blätter/Blütenknospen: April–Mai*
> *Blüten: Mai–Aug.*

In größeren Mengen verwendet kann die Pflanze Erbrechen auslösen, sparsam genossen sind aber alle Teile essbar. Die bekannteste Zubereitung ist wohl der heilbringende Kamillentee. Die fruchtig süßen Blüten eignen sich auch als Würze für verschiedene Speisen, als Aroma für Limonade, Bowle und Desserts. Die Knospen sind ein gutes Gewürz zum Einlegen von Sauergemüse.

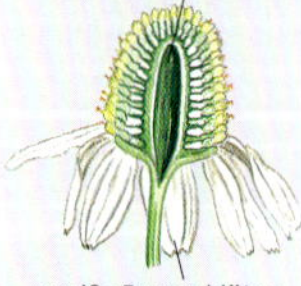

Große Klette

Arctium lappa (Korbblütler)
H 80–150 cm Juli–Aug. zweijährig

Die Blattstängel der leicht bitteren Großen Klette kann man als Gemüse wie Spargel verarbeiten. Man sollte dafür jedoch den Haarpelz der Stängelhaut abreiben und dicke Fasern sowie trockenes Mark herausschneiden. Junge Triebe eignen sich als Gemüsepüree, Pesto und als gehackte Kräuter. Die Wurzeln kann man roh in Salat raspeln, wie Schwarzwurzeln zubereiten oder zu Chips trocknen.

***Vorkommen** Europa. Wegränder, Schuttplätze, Steinbrüche, Brachflächen, Ufer. Wärmeliebend.*

Sammelzeit
- *Blattstängel/Triebe: April–Aug.*
- *Samen: Aug.–Sept.*
- *Wurzeln: Herbst und Winter*

Krause Distel

Carduus crispus (Korbblütler)
H 60–180 cm Juli–Sept. zweijährig

Vor der Zubereitung sollte man bei der Distel die Stacheln entfernen. Die leicht kohlartig schmeckenden Blätter und Schösslinge kann man roh essen, wie Spinat garen oder in Suppen verwenden. Der obere Teil des Stängels wird geschält als Koch-, Pfannen- oder Backgemüse zubereitet. Die abgeschabte Wurzel kann man braten, frittieren oder als Mehl getrocknet verwenden.

***Vorkommen** Europa. Wege, Ufer, Straßenränder, Schuttplätze. Feuchte Standorte.*

Sammelzeit
- *Blätter/Schösslinge/Stängel: April–Juni*
- *Samen: Sept.*

Kohl-Kratzdistel

Cirsium oleraceum (Korbblütler)
H 50–150 cm Juni–Sept. Staude

Vorkommen *Europa. Feuchtwiesen, Auwälder, Ufer, Gräben. Staunasse Standorte.*

Sammelzeit
- *Wurzeln: Sept.–Winter*
- *Stängel/Blätter/Triebe: April–Juni*
- *Blüten: Juni–Sept.*

Giftiger Doppelgänger
Gift-Lattich (Lactuca virosa, *S. 228**)*

Eine außergewöhnlich wohlschmeckende, in allen Teilen nutzbare Pflanze. Die Wurzel kann man in der Pfanne braten oder als Koch- oder Backgemüse verwenden. Getrocknet lässt sie sich zu Mehl mahlen. Stängel, Blätter und Triebe werden roh gegessen oder als Kochgemüse genutzt. Die Blüten kann man artischockenartig nutzen oder wie Kapern einlegen.

Gewöhnliche Kratzdistel

Cirsium vulgare (Korbblütler)
H 60–120 cm Juni–Sept. zweijährig

Vorkommen *Europa. Äcker, Wege, Waldschläge, Schuttplätze. Helle Standorte.*

Sammelzeit
- *Wurzeln: Sept.–Winter*
- *Stängel/Blätter/Triebe: April–Juni*
- *Blüten: Juni–Sept.*

Die Gewöhnliche Kratzdistel ist in ihrer Verwendung mit der Kohl-Kratzdistel vergleichbar. Die kräftigeren Dornen sind etwas aufwendiger zu entfernen. Mit Dornen kann man die Pflanze entsaften und den Frischsaft als Vitalgetränk verwenden oder abkochen und den Sud (Gemüsefond) als Grundlage für Suppen nutzen.

Kompass-Lattich

Lactuca serriola (Korbblütler)
H 60–120 cm Juli–Sept. zweijährig

Er zeigt nicht nur die Himmelsrichtung an. Seine im Jahreslauf bitterer werdenden Blätter eignen sich für Salate, Kräutermischungen, Kräuterfrischkäse, gegart in Suppen oder mitsamt den Stängelspitzen als gedämpftes Gemüse. Der ausgepresste Wurzelsaft, angetrocknet und zu einem Brei verarbeitet, bietet eine Basis für herbe Naschereien.

Vorkommen *Europa. Wegränder, Schuttplätze, Brachflächen. Trockene, sonnige Standorte.*

Sammelzeit
> *Blätter/Stängel: April–Juli*
> *Wurzeln: Sept.–Frühjahr*

Mauerlattich

Mycelis muralis (Korbblütler)
H 60–80 cm Juli–Aug. Staude

Man nutzt die Blätter des leicht bitter-würzigen Mauerlattichs für Salat, als Brotbelag, Würze und für Quarkkräuter. Sie eignen sich auch in Bratlingen gebacken, in Suppen oder als Gemüsefond. Die Blütenknospen kann man kapernartig einlegen.

Vorkommen
Europa. Wälder, Wege, Lichtungen, Mauern. Nährstoffreicher Boden.

Sammelzeit
> *Blätter: April–Juli*
> *Blütenknospen/Blüten: Juni–Aug.*

Raue Gänsedistel

Sonchus asper (Korbblütler)
H 10–120 cm Juni–Okt. einjährig

Vorkommen *Europa. Anbauflächen, in der Nähe von Ansiedlungen. Nährstoffreiche Standorte.*

Sammelzeit
> *Stängel/Blätter: April bis zum Frost*
> *Blüten: Juni–Okt.*

Die Pflanze ist auch spät im Jahr noch weich und gut verwendbar. Die herb-salatartigen Stängel und Blätter werden von den Stacheln befreit roh als Salat oder in Gemüsegerichten zubereitet. Blätter verfeinern Soßen, Suppen und Würzmischungen. Die Wurzel ist faserig, wäre aber als Kochgemüse denkbar.

Kohl-Gänsedistel

Sonchus oleraceus (Korbblütler)
H 30–100 cm Juni–Okt. einjährig

Vorkommen *Europa. Wege, Äcker, Schuttplätze, Brachland. Wärmere Standorte.*

Sammelzeit
> *Stängel/Blätter/Blütenknospen: April–Okt.*

Der Namenszusatz *oleraceus* bedeutet »gemüseartig genutzt«. Die ganze Pflanze – junge Stängel, Blätter, Blütenknospen und die Wurzel – ist eine gute Grundlage für Gemüsegerichte, Suppen, Aufläufe und Salat. Der Blütenboden ist eine artischockenähnliche Delikatesse, die aber aufwendig zu sammeln und zuzubereiten ist.

Echter Wermut

Artemisia absinthium (Korbblütler)
H 40–150 cm   Aug.–Sept.   Staude/Halbstrauch

Der Wermut enthält giftiges Thujon und darf daher nur in kleinen Mengen verwendet werden. Die Blätter dieser bitter-würzigen Pflanze eignen sich vor allem als Aroma in Kräuterlikör und Kräuterwein, als Bierwürze, zum Aromatisieren von Speiseöl und Essig sowie getrocknet als Gewürz. Die Pflanze findet außerdem bei der Herstellung von Absinth Verwendung.

Vorkommen *Europa. Wege, Schafweiden, Felsen, Schuttplätze. Mäßig trockener Boden.*

Sammelzeit
> *Blätter: April–Aug.*

Tipp: Probieren Sie einmal eine Wermut-Gewürzschokolade!

Gewöhnlicher Beifuß

Artemisia vulgaris (Korbblütler)
H 60–200 cm   Juli–Okt.   Staude

Wie der Wermut enthält auch der bitter-würzige Beifuß giftiges Thujon und ist daher nur in kleinen Mengen zu verwenden. Getrocknet ist das Kraut als Gewürz zu fetten Speisen – z. B. zu Wild und Gans – bekannt. Aber auch zu Gemüsegerichten, Suppen oder Soßen eignen sich Blütenrispen und Blätter als feine Würze.

Vorkommen *Europa. Wege, Auen, Brachland, Schuttplätze. Leicht feuchter Boden.*

Sammelzeit
> *Triebe/Blätter: April–Mai*
> *Blütenrispe: Juni–Okt. (am besten im Knospenstadium)*

Acker-Ringelblume

Calendula arvensis (Korbblütler)
H 5–30 cm Juni–Okt. einjährig

Vorkommen *Mitteleuropa. Äcker, Ackerränder, Brachflächen. Sonnige Standorte.*

Sammelzeit
> *Blüten: Mai–Okt.*
> *Blütenknospen: Mai–Aug.*

Die leuchtenden Blüten bieten eine schöne Dekoration von Salat oder Süßspeisen. Sie geben Kräutersalz oder Aromazucker eine interessante Farbe und verfeinern Teegetränke und Limonade. Die Blütenknospen lassen sich wie Kapern einlegen, in Teig ausbacken oder zu Bratlingen und in Mischgemüse verarbeiten.

100

Gewöhnliche Sonnenblume

Helianthus annuus (Korbblütler)
H 100–300 cm Juli–Okt. einjährig

Vorkommen *Europa. Schuttflächen, Weinberge. Sonnige und windgeschützte Standorte.*

Sammelzeit
> *Samen: Sept.–Okt.*
> *Blätter: April–Juni*
> *Blütenknospen: vor der Blüte*
> *Blüten: Juli–Okt.*

Neben den bekannten Verwendungen der Sonnenblumenkerne lassen sich junge Blätter roh oder gekocht als Gemüse, in Suppen oder Eierspeisen nutzen. Große Blätter eignen sich als Krautwickel für Rouladen. Blütenknospen kann man wie Artischockengemüse in Salzwasser gekocht zubereiten. Die Zungenblüten liefern Farbe und Dekoration für verschiedene Speisen.

Topinambur

Helianthus tuberosus (Korbblütler)

H 100–250 cm   Aug.–Okt.   Staude

Der Topinambur, auch Erdbirne genannt, war bereits vor der Kartoffel ein wichtiges Grundnahrungsmittel. Die stärkereichen, nussig süßlichen Knollen können roh und ungeschält gegessen werden. Sie eignen sich aber auch als Koch-, Back- und Pfannengemüse, in Glut gebacken, frittiert, getrocknet und geröstet als Kaffeeersatz sowie in Essig oder Salzlake eingelegt. Ein Zuviel der Sprossknollen kann abführend wirken, und unverarbeitet kann man sie leider nicht lange lagern. Bitte nicht selber anbauen, siehe Seite 14.

Vorkommen *Europa. Wiesen, Feuchtgebiete, Flussläufe, Waldränder. Nasse Standorte.*

Sammelzeit

- > *Blüten: Aug.–Okt.*
- > *Sprossknolle: Aug.–März*

Blätter rau behaart, eiförmig zugespitzt, doppelt so lang wie breit, gezähnt

untere Blätter gegenständig

Schale der Sprossknolle gelb bis violett gefärbt

kleiner Bereich mit Röhrenblüten (Blütenscheibe), lange Zungenblüten

Echter Alant

Inula helenium (Korbblütler)

H 60–250 cm Juli–Sept. Staude

Vorkommen *Europa. Waldwege, Ufergebüsche, Wiesengräben. Leicht feuchte Standorte.*

Sammelzeit

- *Blätter: April–Juli*
- *Blüten: Juli–Sept.*
- *Wurzeln: Sept.–Winter*

Giftige Doppelgänger

Tollkirsche (Atropa bella-donna, S. 210), Tabak (Nicotiana tabacum, S. 229)

grundständige Blätter lang gestielt, lang elliptisch spitz

Dem Alant mit seinem bitter-harzigen Geschmack wird eine antibiotische Wirkung zugeschrieben. Daher sollte er sparsam verwendet werden. Man nutzt die Wurzel als Gemüse, Gewürz für Süßspeisen, Magenbitter, Kompott oder in Salzlake eingelegt. Die Blätter lassen sich zu Gemüsegerichten, in Suppen oder als Gewürz nutzen.

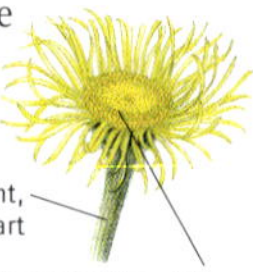

Wiesen-Flockenblume

Centaurea jacea (Korbblütler)

H 20–150 cm Juni–Okt. Staude

Vorkommen *Europa. Wiesen, Weiden, Magerrasen. Helle Standorte.*

Sammelzeit

- *Blüten: Juni–Okt.*
- *Kraut: Aug.–Sept.*
- *Wurzeln: Sept.–Okt.*

Das Kraut kann als Hopfenersatz bei der Bierherstellung und für andere Spirituosen genutzt werden. Die Blüten eignen sich frisch oder getrocknet als Dekoration für Süßspeisen, Salat, Aufläufe, Quiche, Pizza, Suppen und in Teemischungen. Die Wurzel gibt Spirituosen ein bitteres Aroma.

Kornblume

Centaurea cyanus (Korbblütler)
H 30–60 cm Juni–Okt. einjährig

Vorkommen *Europa. Getreideäcker, Brachland, Schuttplätze. Schwach saure Standorte.*

Sammelzeit
> *Blüten: Juni–Okt.*

Die blauen, geschmacksneutralen Blüten bieten schöne Farbtupfer für Tee- oder Gewürzmischungen bzw. im Salat. Sie färben auch Wildpflanzensalz und Aromazucker. Man kann sie außerdem gut dem Brotteig beimischen.

Gewöhnliche Wegwarte

Cichorium intybus var. *intybus* (Korbblütler)
H 30–150 cm Juli–Sept. Staude

Vorkommen *Europa. Weg- und Straßenränder, Brachflächen, Schuttflächen. Meist trockene Standorte.*

Sammelzeit
> *Blätter: April–Juli*
> *Stängel: April–Juli*
> *Blüten: Juli–Sept.*
> *Wurzeln: Sept.–Frühjahr*

Die jungen, feinbitteren Blätter schmecken am besten blanchiert im Salat, als Spinat, in Suppen oder Soßen. Die Wurzel wird getrocknet und geröstet als Kaffeeersatz gemahlen. Als Koch-, Back- und Pfannengemüse sollte man sie vorher zwei Stunden wässern. Die zarten jungen Stängel lassen sich als Gemüse zubereiten. Die Blüten nutzt man als essbare Dekoration.

Chicoréesalat besteht aus den Blättern der Wegwarte, die bei Dunkelheit in Nährlösung gezogen werden.

Behaartes Franzosenkraut

Galinsoga ciliata (Korbblütler)
H 10–60 cm Mai–Okt. einjährig

Vorkommen *Europa. Äcker, Gärten, Wegränder.*

Sammelzeit
> *ganzes Kraut: Mai–Sept.*

Diese Pflanze enthält mehr Eisen als alle anderen Gemüse. Ihr Geschmack ist mild-aromatisch und sie kann als Salat, kurz angebraten als Gemüse oder gedünstet als Spinat verarbeitet werden. Das Kraut eignet sich auch als Zutat in Suppen, Eierspeisen, Soßen, Pesto sowie als Beigabe zu Gemüsesaft (z. B. mit Karotte). Die Samen sind roh essbar oder dienen als Keimsaat.

Kleinblütiges Knopfkraut

Galinsoga parviflora (Korbblütler)
H 10–60 cm Mai–Okt. einjährig

Vorkommen *In Europa eingebürgert. Äcker, Gärten, Wegränder.*

Sammelzeit
> *ganzes Kraut: Mai–Sept.*

Das Kleinblütige Knopfkraut kann wie das Behaarte Franzosenkraut verwendet werden. Es wird geschätzt als charakteristisches Gewürz (Guasca) der traditionellen südamerikanischen Hühnersuppe »Ajiaco de Bogotá« und enthält wie das Behaarte Franzosenkraut sehr viel Eisen.

Wiesen-Pippau

Crepis biennis (Korbblütler)
H 50–120 cm Mai–Okt. zweijährig

Alle Pippau-Arten sind in der Anwendung vergleichbar. Die herb-bittere Pflanze erinnert an Löwenzahn und wird vor Verwendung in Wasser ausgezogen. Die jungen Blätter isst man als Salat, angebraten als Gemüse und verwendet sie für die Zubereitung von Soßen, Suppen oder Kräuterquark. Die Blüten eignen sich als Dessertbeigabe bzw. Dekoration.

Vorkommen *Europa. Wiesen, Wege. Sonnige Standorte.*

Sammelzeit
> *Blätter: April–Mai*
> *Blütenknospen: April*
> *Blüten: Mai–Juni (dann noch mild im Geschmack)*

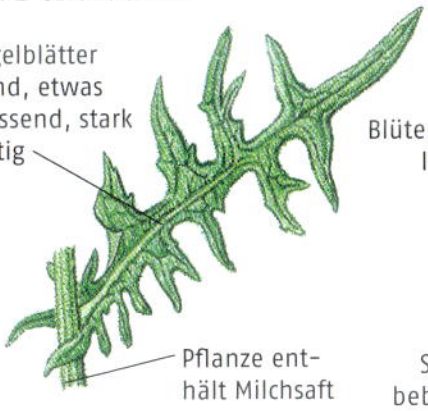

Kleines Habichtskraut

Hieracium pilosella (Korbblütler)
H bis 30 cm Mai–Okt. mehrjährig

Alle Habichtskräuter sind in der Verwendung gleich. Die jungen, herb-bitteren Blätter, Knospen und Blüten können als Salat oder im Kräuterquark roh gegessen oder als Gemüsegerichte, z. B. wie Spinat, zubereitet werden. Sie eignen sich auch für Brotaufstrich, als Beigabe zu Suppen und Fonds oder als Zutat für Gemüsesäfte und grüne Smoothies.

Vorkommen *Europa. Magerrasen, lichte Wälder, Trockenrasen. Sonnige Standorte.*

Sammelzeit
> *Blätter: April–Mai*
> *Knospen/Blüten: Mai–Okt.*

Gewöhnliches Ferkelkraut

Hypochaeris radicata (Korbblütler)
H 15–60 cm Juni–Sept. Staude

Vorkommen *Europa. Wiesen, Rasen, Weiden, Brachland. Braucht milde Winter.*

Sammelzeit
- > *Blätter: März–Mai*
- > *Knospen/Blüten: Mai–Sept.*
- > *Wurzeln: März–April*

Das Ferkelkraut hat wohl seinen Namen daher, weil es gern von Schweinen gefressen wird. Die jungen, salatartig schmeckenden Blätter isst man roh als Salat oder Brotbelag und gegart als Gemüsegerichte oder Suppe. Die Knospen und Blüten können ebenso verwendet oder als falsche Kapern eingelegt werden. Die Wurzel ergibt getrocknet und geröstet einen Kaffeeersatz.

Gewöhnlicher Rainkohl

Lapsana communis (Korbblütler)
H 30–100 cm Mai–Sept. einjährig

Vorkommen *Europa. Hecken, Wälder, Äcker, Schuttplätze, Wegränder. Halbschattiger bis schattiger Standort.*

Sammelzeit
- > *Triebe: April–Mai*
- > *Blätter: April–Juni*
- > *Blüten: Mai–Sept.*

Die herben, kohlartig schmeckenden Blätter werden als Salat gegessen oder zu Suppen und Gemüsegerichten verarbeitet. Die knospigen oder gerade aufgeblühten Blüten und die jungen Triebe sind ebenfalls essbar und lassen sich vergleichbar verwenden.

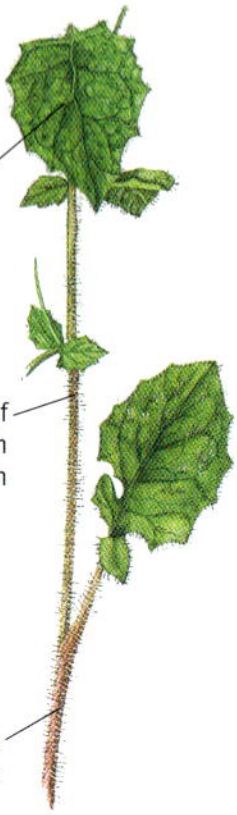

Herbst-Löwenzahn

Leontodon autumnalis (Korbblütler)

H 15–45 cm Juli–Sept. Staude

Der bitter-würzige Löwenzahn lässt sich durch längeres Wässern im Geschmack etwas mildern. Die jungen Blätter eignen sich für Salate, können aber auch gegart als Gemüse verarbeitet werden. Aus den Blüten lässt sich ein goldgelber Sirup zubereiten. Weitere Verwendungen: siehe Wiesen-Löwenzahn.

Vorkommen *Europa. Weiden, Wege, Straßenränder. Verdichteter Boden.*

Sammelzeit

- *Blätter: April–Juni*
- *Blütenknospen: Juni–Juli*
- *Blüten: Juli–Sept.*
- *Wurzeln: Sept.–Winter*

Wiesen-Löwenzahn

Taraxacum sect. *Ruderalia*, syn. *Taraxacum officinale* (Korbblütler)

H 5–40 cm April–Juli Staude

Für den bitter schmeckenden Wiesen-Löwenzahn gelten auch die beim Herbst-Löwenzahn angegebenen Verwendungen. Bei beiden Arten können die Knospen als Beigabe zum Salat oder zu Gemüsegerichten genutzt bzw. zu falschen Kapern eingelegt werden. Die Wurzel kann als Gemüse oder geröstet als Kaffeeersatz genutzt werden.

Vorkommen *Weltweit. Wiesen, Äcker, Weiden, Wegränder. Gemäßigtes Klima.*

Sammelzeit

- *Blätter: März–Juni*
- *Stängel: April–Sept.*
- *Blütenknospen/Blüten: April–Juli*
- *Wurzeln: Sept.–März*

Gemüse-Schwarzwurzel

Scorzonera hispanica (Korbblütler)

H 60–120 cm   Juni–Aug.   Staude

***Vorkommen** Europa. Schuttplätze, Brachflächen. Wild sehr selten.*

Sammelzeit
- > *Triebe/Blätter: April–Juni*
- > *Blütenknospen: Frühsommer*
- > *Wurzeln: Herbst*

Neben der bekannten Zubereitung der Wurzel können die jungen, mild-aromatischen Triebe und Blätter als Salat oder gegart als Gemüsegerichte gegessen werden. Getrocknet eignen sie sich als Hackkräuter. Als Sauerkraut eingelegt lässt sich ein Vorrat für den Winter anlegen. Die Blütenknospen kann man roh zum Salat essen oder einlegen.

Gewöhnlicher Wiesen-Bocksbart

Tragopogon pratensis subsp. *pratensis* (Korbblütler)

H 20–70 cm   Mai–Aug.   zweijährig/mehrjährig

***Vorkommen** Europa. Wiesen, Halbtrockenrasen, Wegränder. Warme Standorte.*

Sammelzeit
- > *Stängel/Blätter: April–Juni*
- > *Blüten: Mai–Aug.*
- > *Wurzeln: April*

Die mild-süßliche Pflanze ähnelt in der Anwendung der Schwarzwurzel, verlor jedoch mit deren Aufkommen an Bedeutung. Sie kann als Salat oder gegart als Pfannengemüse gegessen werden. Die oberen Triebe und Blütenknospen lassen sich wie Spargel zubereiten. Die weichen Teile der Wurzel werden geschält als Wurzelgemüse oder Kaffeeersatz verwendet.

Huflattich

Tussilago farfara (Korbblütler)
H 7–30 cm März–April Staude

Vorkommen *Europa. Weg-, Feld- und Straßenränder, Kiesgruben, Brachland. Kalkhaltige Böden.*

Sammelzeit
- *Blüte/Stängel: März–April*
- *Blätter: Mai–Juli*

Aufgrund seines Gehalts an Pyrrolizidinalkaloiden (siehe Jakobs-Kreuzkraut, S. 218) sollte Huflattich nach aktuellen Empfehlungen nur gelegentlich und in geringen Mengen verwendet werden. Man nutzte ihn jedoch von alters her als Heil- und Nahrungspflanze, ohne dass nachteilige Wirkungen beobachtet wurden. Die jungen Blätter und Blüten mit ihrem milden spargelartigen Geschmack eignen sich für Salat, als Gemüse, in Suppen oder Eierspeisen. Verascht ergeben sie ein salzartiges Gewürz.

Kanadische Goldrute

Solidago canadensis var. *canadensis* (Korbblütler)
H 50–250 cm Juli–Okt. Staude

Vorkommen *Europa. Schuttflächen, Brachflächen, Auwälder.*

Sammelzeit
- *Blätter: April–Juli*
- *Triebe: April–Juni*
- *Blüten: Juli–Okt.*

Die mild bohnenartig schmeckenden Triebspitzen werden geschält, da sie sonst sehr bitter sind. Sie eignen sich gedünstet für kräftige Salate oder leicht gesalzen und kurz in Öl angebraten als Gemüse. Die Blätter ergeben ein gutes Bittergemüse und eignen sich samt Blüten frisch oder getrocknet als Tee. Bitte nicht selber anbauen, siehe Seite 14.

Riesen-Goldrute

Solidago gigantea (Korbblütler)
H 50–250 cm Aug.–Okt. Staude

Vorkommen *Europa. Schuttflächen, Brachflächen, Auwälder.*

Sammelzeit
- > *Blätter: April–Juli*
- > *Triebe: April–Juni*
- > *Blüten: Aug.–Okt.*

Die Riesen-Goldrute steht oft zusammen mit der Kanadischen Goldrute und ist auf den ersten Blick leicht mit ihr zu verwechseln. Verwendung, Zubereitung und Geschmack sind vergleichbar. Bitte nicht selber anbauen, siehe Seite 14.

Gewöhnliche Goldrute

Solidago virgaurea subsp. *virgaurea* (Korbblütler)
H 10–100 cm Juli–Okt. Staude

Vorkommen *Europa. Lichte Wälder, Gebüsche, Heiden, magere Weiden.*

Sammelzeit
- > *Schösslinge: Frühjahr*
- > *Blätter: April–Juli*
- > *Blüten: Juli–Okt.*

Die bekannte Nieren-Heilpflanze lässt sich auch in der Küche verwenden, sollte jedoch nur sparsam genutzt werden. Die aromatischen Schösslinge lassen sich gut in Wildkräutersalaten oder als Kochgemüse (Kochwasser weggießen!) verwenden. Die Blätter können wie Spinat zubereitet oder als Tee aufgebrüht werden. Die Blüten ergeben eine schöne Salatdekoration.

Blut-Weiderich

Lythrum salicaria (Weiderichgewächse)

H 50–100 cm Juli–Aug. Staude

Seine jungen Triebe, Blätter und die geschälten Stängel lassen sich im Frühling in Salaten und Gemüsen verarbeiten und geben diesen eine fruchtige Note. Aus dem Blütensaft lässt sich ein Sirup kochen, den man zur Herstellung rötlicher Süßspeisen verwendet. In kleinen Mengen sind sie eine essbare Dekoration für Desserts und Obstsalate.

Vorkommen *Europa. Nasse Wiesen, Wiesengräben, Teichufer. Feuchte, nährstoffreiche Böden.*

Sammelzeit

- > *Triebe/Blätter: April–Mai*
- > *Stängel: Mai*
- > *Blüten: Juni–Sept.*

Giftiger Doppelgänger

Gottes-Gnadenkraut (Gratiola officinalis, *S. 230),* *vor der Blüte*

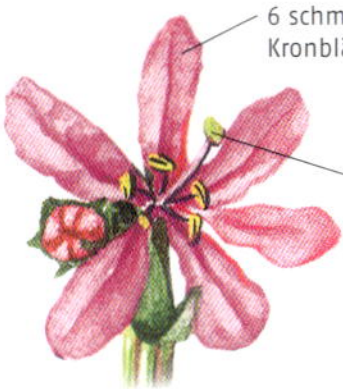

Blutweiderichsaft aus Wurzeln und Blüten hat einen hohen Gerbstoffgehalt und wurde zum Gerben verwendet. Außerdem wurden damit Holz und Seile imprägniert, um schnelle Fäulnis im Wasser zu verhindern.

Weiße Seerose

Nymphaea alba (Seerosengewächse)
H 50–300 cm Juni–Aug. Staude

Vorkommen *Europa. In nährstoffreichen, langsam fließenden oder stehenden Gewässern.*

Sammelzeit
> *ältere Wurzeln: Vegetationsperiode*

Die älteren, stärkehaltigen Wurzeln werden getrocknet, gemahlen und dann einem Wässerungsprozess unterzogen. Dazu weicht man 100 g Wurzelmehl in 1/4 l Wasser 5 Stunden lang ein. Dann gießt man das Einweichwasser weg. Diesen Prozess wiederholt man noch zweimal. Das auf einer sauberen Unterlage getrocknete Mehl ist nun wie normales Mehl zu verwenden.

Die Pflanze enthält Alkaloide und herzwirksame Glycoside und ist unverarbeitet giftig. Im Mittelalter wurden Samen und Blüten als pflanzliche Anaphrodisiaka verwendet und waren ein populäres Mittel gegen die »verwerfliche Fleischeslust«.

Ästiger Igelkolben

Sparganium erectum (Rohrkolbengewächse)
H 30–50 cm Juni–Aug. Staude

Vorkommen *Mittel- und Nordeuropa. Im Uferröhricht stehender, nährstoffreicher Gewässer, an Gräben. Humoser, meist kalkhaltiger Schlammboden bis in 50 cm Wassertiefe.*

Sammelzeit
> *Triebe: März–April*
> *Wurzeln: Herbst–Winter*

Die fingerdicke Stängelbasis schmeckt mild-süß und wird als Gemüse zubereitet. Dazu schält man die äußeren Blätter ab und dünstet die hellen Stängel in der Pfanne. Aus den Stängeln kann man auch einen süßen Saft pressen. Aus den jungen, weißen Wurzeln lässt sich durch Auskochen ein stärkereicher Sud gewinnen.

Scharbockskraut

Ranunculus ficaria (Hahnenfußgewächse)
H 5–20 cm   März–Mai   Staude

Die glänzenden, sauer-scharfen Blätter schmecken frisch in den ersten Frühlingstagen. Sie lassen sich auch in Gemüsegerichten verarbeiten. Die Blütenknospen legt man 2 Tage in Salz und danach in Essig oder Öl ein. Die nussig schmeckenden Wurzelknöllchen können roh verzehrt werden.

Das zu den Hahnenfußgewächsen zählende Kraut enthält das giftige Protoanemonin. Roh soll die Pflanze deshalb nur in geringen Mengen verzehrt werden.

Vorkommen *Europa. Auwälder, Laubwälder, Obstwiesen, feuchte Wiesen, Parks. Feuchte Böden.*

Sammelzeit
- *Blätter: März–April*
- *Blütenknospen: März*
- *Wurzelknöllchen: Mai–Juni*

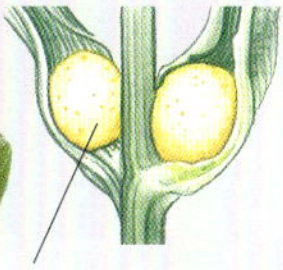

Gelber Wau

Reseda lutea (Resedagewächse)
H 20–60 cm   Juni–Sept.   Staude

Die jungen mild-würzigen, leicht kresseartigen Blätter passen gut in Frühlingssalate oder Smoothies. Gegart schmecken sie als Spinat oder in Gemüsezubereitungen. Blütenknospen werden sauer eingelegt oder als Würze in Salatsoßen geschnitten. Die Blüten schmecken in Kräuterquark und Frischkäse sowie als herzhafte Dekoration.

Die getrockneten Samenhülsen enthalten den Farbstoff Luteolin. In reiner Form bildet er kleine gelbe Kristalle, die sich im Wasser schwer und in Soda, Pottasche und Ammoniaklösung mit tiefgelber Farbe lösen.

Vorkommen *Mittel- und Südeuropa. Wegränder, Bahndämme, Hafenanlagen, Ödflächen.*

Sammelzeit
- *Blätter: April–Juni*
- *Blütenknospen: Mai–Juni*
- *Blüten: Juni–Sept.*

Hohlzähne *(Galeopsis)*: Seite 115–118

Die Pflanzengattung Hohlzahn *(Galeopsis)* gehört zur Familie der Lippenblütler *(Lamiaceae)*. Die etwa 10 Arten sind hauptsächlich in Eurasien verbreitet. Die Hohlzahnarten sind einjährige, krautige Pflanzen, denen jedoch die sonst für Lippenblütler typischen Drüsengänge und ätherischen Öle fehlen. Der 4-kantige Stängel ist aufrecht oder aufsteigend, fleischig und sparrig verzweigt. Die Verdickungen an den Blattansätzen sind bei manchen Arten stachelig-borstig behaart. Die kreuzgegenständig angeordneten Blätter sind gestielt, meist gezähnt, fiedernervig und in der Form einfach. Die Lippenblüten stehen in mehreren auseinanderliegenden oder im oberen Bereich konzentrierten, am Stängel übereinander angeordneten Scheinquirlen. Die Oberlippe der Blüte ist helmartig geformt, die 3-lappige Unterlippe besitzt einen verkehrt herzfömigen Mittellappen und eiförmige Seitenlappen. Die Verbindung zwischen Mittel- und Seitenlappen ist gezähnt. Charakteristisch sind 2 hohle, zahnähnliche Ausstülpungen der Kronunterlippe. Die Frucht zerfällt in 4 Teile (Klausen), die glatt und verkehrt eiförmig sind und ein stumpfes Ende besitzen. Der Geruch der Hohlzähne ist kräftig und etwas unangenehm. Da der Grundgeschmack jedoch mild ist, eignen sie sich als Gemüse.

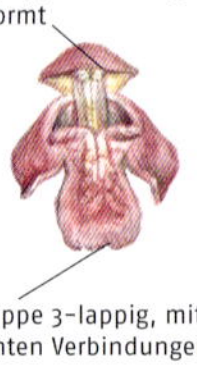

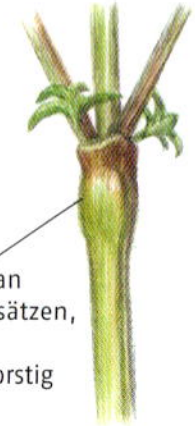

An diesen 4 Merkmalen erkennt man essbare Lippenblütler:
- *4-kantiger, hohler Stängel*
- *Blätter kreuzweise gegenständig angeordnet*
- *Lippenblüten*
- *Blüten quirlartig am Stängel angeordnet*

Schmalblättriger Hohlzahn

Galeopsis angustifolia (Lippenblütler)
H 10–70 cm Juni–Okt. einjährig

Mit seinem milden Geschmack bildet er eine wunderbare Gemüsegrundlage, der man strenger schmeckende Pflanzen beimischen kann. Die noch zarten weichen Blätter eignen sich roh für Salat, Smoothies und verschiedene Dips. Die eher neutralen Blüten werden als Dekoration oder getrocknet als Farbtupfer in Tees verwendet.

Vorkommen *Europa. Schuttplätze, Geröllhalden, Bahndämme, Äcker, Weiden. Warme, trockene Schutt- oder Kiesböden.*

Sammelzeit

> *Blätter: Mai–Okt.*
> *Blüten: Juni–Okt.*
> *Samen: Okt.*

Zweispaltiger Hohlzahn

Galeopsis bifida (Lippenblütler)
H 20–50 cm Juni–Okt. einjährig

Gegart passen die mild-aromatischen Blätter in Gemüsefüllungen, Lasagne, Gratins und in Eierspeisen. Junge Blätter und Blüten schmecken in Rohkostgerichten. In Eiswürfel eingefrorene Blüten kühlen Kräuterbowlen und -limonaden. Die geschroteten Samen sind eine Grundlage für Bratlinge.

Vorkommen *Mittel- und Nordeuropa. Krautgesellschaften, Äcker, Wegränder, Kahlschläge. Frische, nährstoffreiche, sandige Lehmböden.*

Sammelzeit

> *Blätter: Mai–Okt.*
> *Blüten: Juni–Okt.*
> *Samen: Okt.*

Breitblättriger Hohlzahn

Galeopsis ladanum (Lippenblütler)

H 10–80 cm   Juni–Okt.   einjährig

Vorkommen *Europa. Steinschutthalden, Bahndämme. Basische Böden.*

Sammelzeit

- *Blätter: Mai–Okt.*
- *Blüten: Juni–Okt.*
- *Samen: Okt.*

Mit seinem milden Geschmack lässt er sich vielseitig in Salaten und Gemüsen verwenden. Aus den Samen gewinnt man ein zartbitteres Speiseöl. Dafür werden sie geschrotet und in einer Ölmühle ausgepresst. Hat man keine Ölmühle, gibt man den Schrot in heißes Wasser. Nach einer Weile lässt sich das Öl oben abschöpfen.

Weichhaariger Hohlzahn

Galeopsis pubescens (Lippenblütler)

H 30–60 cm   Juli–Sept.   Staude

Vorkommen *Gemäßigte Klimazonen Europas. Krautgesellschaften, Waldschläge, Gebüsche, Ufer. Nährstoffreiche, kalkarme Lehm- und Sandböden.*

Sammelzeit

- *Blätter: Mai–Okt.*
- *Blüten: Juli–Sept.*
- *Samen: Okt.*

Die mild schmeckenden Blätter kann man fein hacken und mit einem Teig aus Wasser, Mehl und Salz verkneten. Nachdem der Teig eine Weile geruht hat, lassen sich daraus in der Pfanne leckere Fladen backen. Man kann den Teig auch ausrollen, füllen und als Teigtaschen in der Pfanne zubereiten oder wie Pizza belegen.

Gelber Hohlzahn

Galeopsis segetum (Lippenblütler)
H 10–45 cm Juni–Sept. einjährig

Aus den wunderschönen Blüten der verschiedenen Hohlzähne wird ein leckeres Blütengelee zubereitet. 4 Handvoll Blüten und 1 Handvoll Sauerkleeblätter mit 1 l heißem Wasser übergießen und 24 Stunden stehen lassen. Absieben und mit Geliermittel und Zucker eindicken.

Vorkommen *Europa. Schotter, Sand, Kies, Weg- und Feldränder, lichte Gebüsche. Auf nährstoffarmen Böden.*

Sammelzeit
- *Blätter: Mai–Okt.*
- *Blüten: Juni–Sept.*
- *Samen: Okt.*

Bunter Hohlzahn

Galeopsis speciosa (Lippenblütler)
H 50–80 cm Juni–Okt. einjährig

Die in Gemüsen und Salaten mild schmeckende Pflanze hat eine weitere nützliche Eigenschaft: Sie enthält Saponine. Für ein mildes Waschmittel nimmt man 30 g Blätter und kocht sie 15 Minuten in 2 l Wasser. Danach abfiltern. 3 Esslöffel von diesem Waschmittel reichen für eine Wäsche.

Vorkommen *Gemäßigte Zonen Europas. Gebüsche, Waldränder, Laubwälder, Ufer, Hackfruchtkulturen. Frische bis wechselnasse, nährstoffreiche, basenreiche Böden.*

Sammelzeit
- *Blätter: Mai–Okt.*
- *Blüten: Juni–Okt.*
- *Samen: Okt.*

Gewöhnlicher Hohlzahn

Galeopsis tetrahit (Lippenblütler)

H 10–70 cm Juni–Okt. einjährig

Vorkommen *Mediterrane Zonen Europas. Krautgesellschaften, Äcker, Waldschläge, Wege, Schuttplätze. Stickstoffreiche, basische oder leicht saure Böden.*

Sammelzeit

> *Blätter: Mai–Okt.*

> *Blüten: Juni–Okt.*

> *Samen: Okt.*

Neben Gemüsegerichten und Salaten lässt sich die Pflanze zu leckeren Aufstrichen verarbeiten. Die jungen Blätter und andere Würzkräuter werden mit Zwiebeln in etwas Öl gedünstet und mit Salz, Pfeffer und Muskat abgeschmeckt. Die abgekühlte Masse wird entweder mit Sonnenblumenkernen oder Butter püriert.

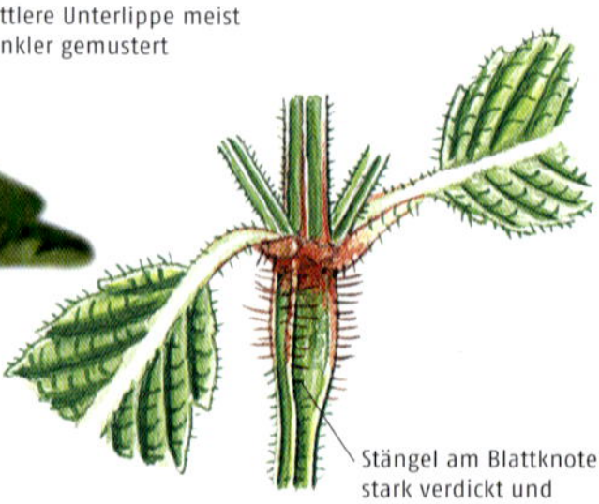

Die Fasern wurden früher zur Herstellung von Seilen genutzt. Eine Abkochung der Pflanze diente als Waschmittel. Das Samenöl ist ein gutes Lederpflegemittel.

Kriechender Günsel

Ajuga reptans (Lippenblütler)

H 7–30 cm   Mai–Aug.   Staude

Blätter sowie Triebe mit Knospen und Büten werden in Butter weich gedünstet und mit Salz und Pfeffer gewürzt. Der bittere Geschmack erinnert an Chicorée und passt zu Fleisch oder in andere Gemüse. Junge Triebe schmecken roh in Wildkräutersalaten, die feinherben Blüten in Bratkartoffeln und anderen herzhaften Speisen.

Vorkommen *Europa. Wiesen, Rasenflächen, Gebüsche, Waldränder. Frische nährstoffreiche, neutrale bis mäßig saure, humose Lehmböden.*

Sammelzeit

> *Triebe/Blätter: März–Juli*

> *Blüten: Mai–Aug.*

Gewöhnlicher Gundermann

Glechoma hederaceae (Lippenblütler)

H 10–40 cm   April–Juni   Staude

Mit seinem thymian- bis minzeartigen Aroma ist er ein vielseitiges Gewürz und passt auch zu Süßspeisen. Die Blätter schmecken lecker, wenn man sie in Schokolade taucht oder mit Limonade anfeuchtet, mit Kakao und Puderzucker bestäubt und im Backofen trocknet. Die Blüten dekorieren Smoothies oder Nachspeisen.

Vorkommen *Europa. Wiesen, Weiden, Rasenflächen, Auwälder, Waldränder, Hecken, Böschungen. Nährstoffreiche Böden.*

Sammelzeit

> *Blätter: März–Juni*

> *Blüten: April–Juni*

Taub- und Goldnesseln *(Lamium)*: Seite 121–123

Die Pflanzengattung Taubnesseln *(Lamium)* gehört zur Pflanzenfamilie der Lippenblütler *(Lamiaceae)* und ist mit 45 Arten in Eurasien, Nordafrika und Nordamerika verbreitet. Sie sind einjährige bis ausdauernde, krautige Gewächse. Die Pflanzen erinnern in ihrer Erscheinung an die Brennnessel, sind aber anstatt mit Brennhaaren mit kegelförmigen Haaren besetzt. Die Blätter sind am hohlen, 4-kantigen Stängel kreuzgegenständig angeordnet, netznervig sowie stumpf gekerbt bis grob gezähnt. Die Blüten stehen in dichten Scheinquirlen in den Blattachseln. Die Oberlippe der einzelnen Blüte ist helmförmig gewölbt, die Unterlippe ist 3-lappig, wobei der mittlere Lappen groß ist und die seitlichen Lappen oft sehr klein sind. Die Teilfrüchte sind scharf 3-kantig, an der Spitze gestutzt und tragen am Grund ein sogenanntes Elaiosom – ein fettreiches Anhängsel, das gern von Ameisen gefressen wird.

4 Merkmale, an denen man essbare Lippenblütler erkennt: siehe Seite 114

Weiße Taubnessel

Lamium album (Lippenblütler)

H 20–50 cm April–Okt. Staude

Vorkommen *Europa, Nordasien. Weg- und Wiesenränder, Gräben, Hecken, Schuttplätze. Auf stickstoffreichen Böden.*

Sammelzeit

- > *Blätter: Febr.–April*
- > *Blüten: April–Okt.*
- > *Samen: Mai–Sept.*
- > *Wurzeln: Herbst*

Mit ihrem milden champignonartigen Geschmack eignen sie sich die jungen Triebe und Blätter für Salate, Smoothies, Suppen und Spinatgemüse. Die honigsüßen Blüten dekorieren Obstsalate und andere süße Nachspeisen. Im Herbst gesammelte Wurzeln der neuen Triebausläufer schmecken pur geknabbert, im Salat oder in der Suppe. Die Samen werden nach dem Abfallen der Blüten aus den Blütenkelchen gesammelt. Sie schmecken in Müsli oder als Keimsaat im Winter.

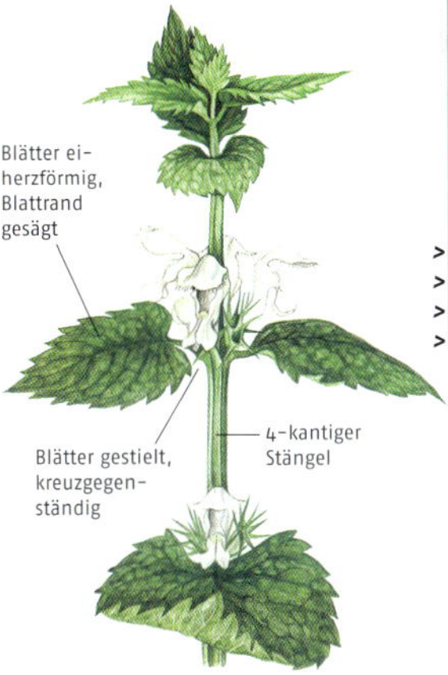

Gewöhnliche Goldnessel

Lamium galeobdolon (Lippenblütler)

H 15–80 cm April–Okt. Staude

Vorkommen *Eurasien. Lichte Wälder, Waldränder, Gebüsch. Auf nährstoffreichen, feuchten Böden.*

Sammelzeit

- > *Blätter: Febr.–April*
- > *Blüten: April–Okt.*
- > *Samen: Mai–Sept.*
- > *Wurzeln: Herbst*

In der Küche wird die Art wie die Weiße Taubnessel verwendet. Ihre Blüten haben einen sanft entfettenden Effekt auf Haut und Haare. Ein starker Teeaufguss dient als Gesichtswassser. Bei fettigen Haaren eignet sich ein aus den Blüten selbst gemachtes Shampoo.

Taubnesselshampoo

1 Handvoll Taubnesselblüten mit 250 ml warmem Wasser übergießen, 24 Std. stehen lassen. In 120 ml warmem Wasser 15 g Olivenölseifenflocken auflösen. Sud durch ein Sieb in die Lauge geben. Im Kühlschrank aufbewahren.

Gefleckte Goldnessel

Lamium maculatum (Lippenblütler)
H 15–60 cm April–Okt. Staude

Die Blätter würzen Wildkräutersalate und eignen sich blanchiert oder zart gedünstet sehr gut als Füllung für Fisch. In Kombination mit Brennnesseln bereichern sie Suppen, Aufläufe und Soufflés. Auch getrocknete Blätter sind eine gute Suppenwürze. Die süßen Blüten, eingefroren in Eiswürfel, geben Sommergetränken den letzten Pfiff.

***Vorkommen** Mittel- und Südeuropa. Gebüsch, Hecken, Waldsäume, Mauern, Straßengräben. An frischen bis feuchten Ruderalstellen.*

Sammelzeit
> *Blätter: Febr.–April*
> *Blüten: April–Okt.*
> *Samen: Mai–Sept.*
> *Wurzeln: Herbst*

Gewöhnliche Rote Taubnessel

Lamium purpureum (Lippenblütler)
H 15–45 cm April–Okt. einjährig

Die oberen frischen Triebe werden in Salaten, Suppen, Smoothies und Gemüsebeilagen verwendet. Besonders köstlich und bei Kindern beliebt sind Taubnesseltriebe in Pfannkuchenteig ausgebacken. Aus den rotvioletten, süßen Blüten lässt sich ein köstlicher Sirup herstellen.

***Vorkommen** Europa. Äcker, Gärten, Weinberge, Schuttplätze, Wege. Auf frischen, nährstoffreichen, lockeren Böden.*

Sammelzeit
> *Blätter: Febr.–April*
> *Blüten: April–Okt.*
> *Samen: Mai–Sept.*
> *Wurzeln: Herbst*

Taubnesselsirup

3 Handvoll Taubnesselblüten mit 1 l etwa 40 °C warmem Wasser übergießen, 24 Std. ziehen lassen. Blüten abseihen und den Saft einer Zitrone in den Sud geben. Gelierzucker nach Angabe auf der Packung einrühren, 1 Min. kochen lassen und heiß in Schraubgläser füllen.

Minzen *(Mentha)*: Seite 125–126

Die Pflanzengattung der Minzen *(Mentha)* gehört zur Familie der Lippenblütler *(Lamiaceae)*. Die ca. 30 anerkannten Arten sind überwiegend in den gemäßigten Gebieten der Nordhalbkugel beheimatet. Eine Abgrenzung der Arten ist schwierig, da sie dazu neigen, Bastarde zu bilden.
Alle Minzearten sind ausdauernde krautige Pflanzen mit unterirdischen Ausläufern oder Rhizomen, die überwiegend an feuchten Standorten wachsen. Sie sind meistens behaart mit kriechenden und aufrechten 4-kantigen Stängeln, die verzweigt sein können. Die Blätter sind kreuzgegenständig angeordnet und haben einen gezähnten oder gesägten Rand. Ein Blattstiel kann vorhanden sein. Die Blüten sind überwiegend in Scheinquirlen angeordnet. Die 5 ungleichen Kelchblätter sind röhrig bis glockenförmig verwachsen. Die 5 verwachsenen Kronblätter sind nur schwach 2-lippig, wodurch die Blüte fast regelmäßig 4-zählig erscheint. Staubblätter und Griffel ragen aus der Blüte heraus. Die Frucht zerfällt in 4 Teilfrüchte (Klausen), die eiförmig bis kugelig sind und eine glatte oder deutlich netzartige Oberfläche besitzen. Leicht zu verwechseln sind sie mit den ebenfalls essbaren Bergminzen *(Calamintha)*, deren Griffel kürzer ist als die Krone.

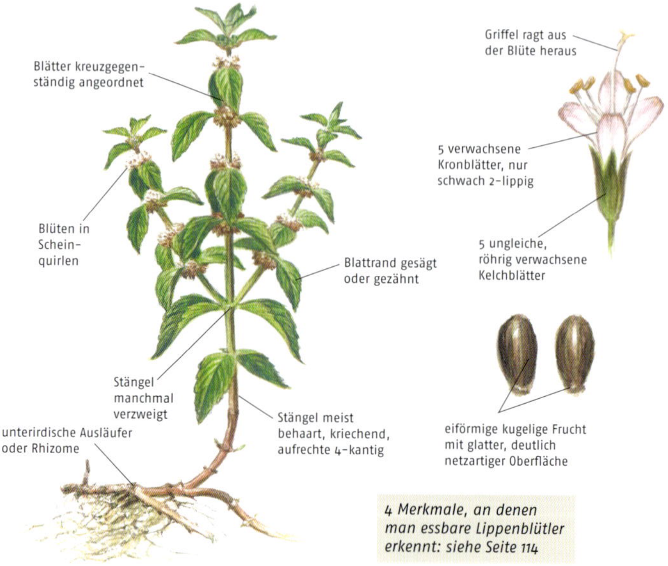

4 Merkmale, an denen man essbare Lippenblütler erkennt: siehe Seite 114

Grüne Minze

Mentha spicata (Lippenblütler)

H 30–100 cm   Juli–Okt.   Staude

Die ähnlich wie Pfefferminze duftende, auch als Krause Minze bekannte Art wird in der Kaugummiherstellung verwendet. In der Küche passt sie als Gewürz zu Lamm, Fisch, Gemüse, Salaten, Soßen, Desserts und vielem mehr. Die Blüten werden zur Dekoration genutzt. Frisch oder getrocknet passt sie gut in Hausteemischungen.

Vorkommen *Europa. Auf nährstoffreichen Stauden- und Unkrautfluren.*

Sammelzeit

> *Blätter/Triebe: April–Aug.*
> *Blüten: Juli–Okt.*

Echte Bergminze

Calamintha nepeta (Lippenblütler)

H 30–80 cm   Juli–Sept.   Staude

Die basilikum-minzeartigen *Calamintha*-Arten werden wie die *Mentha*-Arten verwendet. Wer mag, kann Möhrengemüse mit Minze würzen oder – wie in England – einen Minzezweig in das Kartoffelkochwasser geben. Im arabischen Raum ist Minze als Gewürz wegen ihrer erfrischenden Wirkung sehr beliebt.

Vorkommen *Südeuropa, Mittelmeerraum. Vollsonnige Plätze.*

Sammelzeit

> *Blätter/Triebe: April–Aug.*
> *Blüten: Juli–Sept.*

Wasser-Minze

Mentha aquatica (Lippenblütler)
H 20–80 cm Juli–Okt. Staude

Vorkommen *Europa. Ufer, Gräben, Schilf. Auf nassen Wiesen und Moorwiesen.*

Sammelzeit
> *Blätter: ständig*
> *Blüten: Juli–Okt.*

Sie ist mit ihrem aromatisch bitter-scharfen Geschmack milder als Pfefferminze und besonders für Haustee geeignet. Dafür werden die Stängel mit Blättern kurz vor der Blüte bei sonnigem Wetter geerntet und zügig bei max. 35 °C getrocknet. Die Blätter von den Stängeln abstreifen und in geschlossenen Behältern lagern.

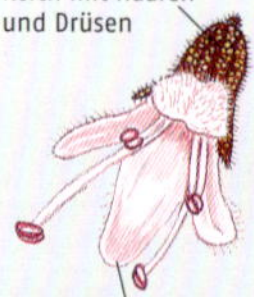

Pfeffer-Minze

Mentha × piperita (Lippenblütler)
H 30–90 cm Juni–Juli Staude

Vorkommen *Europa. Gärten oder im Anbau. Gelegentlich verwildert auf feuchten Wiesen.*

Sammelzeit
> *Blätter/Triebe: April–Aug.*
> *Blüten: Juni–Juli*

Die bei uns meist in Desserts, Torten, Cocktails und Drinks verwendete Minze wird vor allem in Asien und im Orient in der herzhaften Küche verwendet. Ein Klassiker ist der Salat Tabouleh. Die Kombination mit Petersilie und Knoblauch ist sehr delikat, andere Kräuter gehen bei dem intensiven Minze-Aroma leicht unter.

Es gibt zahlreiche wild wachsende Minzen in Europa. Sie sind sehr variabel und neigen zur Bastardisierung, weswegen eine exakte Abgrenzung der verschiedenen Arten schwierig ist.

Gewöhnlicher Dost

Origanum vulgare subsp. *vulgare* (Lippenblütler)

H 20–60 cm Juli–Sept. Staude

Vorkommen *Europa. Gebüschränder, Trockenrasen, Böschungen, lichte warme Gehölze, Kahlschläge.*

Sammelzeit

> *Blätter/Triebspitzen: April–Sept.*
> *verholzte Stängel: Juli–Okt.*

Zum Würzen lässt sich Dost ähnlich wie Oregano verwenden, ist aber milder im Geschmack. Er passt besonders gut zu Pizza, Pastasoßen, Salaten, Gemüse- und Käsegerichten. Ältere, verholzte Stängel kocht man zum Aromatisieren in Suppen und Eintöpfen mit oder verwendet sie als Spieße für Rouladen oder Gemüse.

Gewöhnliche Braunelle

Prunella vulgaris (Lippenblütler)

H 5–30 cm Juni–Sept. Staude

Vorkommen *Europa. Wiesen, Weiden, Ufer, Waldwege, Parks, Gärten. Helle Standorte, frische oder feuchte Böden.*

Sammelzeit

> *Triebe/Blätter: April–Mai*
> *Blüten: Juni–Sept.*

Als Gewürz geben die fein geschnittenen Blätter, Triebspitzen und Blütenknospen mit ihrem bitter-aromatischen Geschmack Salatsoßen, Kräuterbutter und Eintopfgerichten eine herbe Note. Sowohl Blätter als auch Blüten gibt man getrocknet in Teemischungen oder verwendet sie zum Aromatisieren von Getränken. Die frischen Blüten dekorieren allerlei Speisen.

Klebriger Salbei

Salvia glutinosa (Lippenblütler)
H 40–80 cm   Juli–Okt.   Staude

Vorkommen *Europa (außer Skandinavien). Bergwälder, Waldränder. Feuchte, meist steinige Böden.*

Sammelzeit
> *Triebe/Blätter: April–Juni*
> *Blüten: Juli–Okt.*

Die dicht behaarte drüsig-klebrige Pflanze riecht beim Zerreiben aromatisch. Der Geschmack der Blätter ist frisch und leicht scharf. Er passt in Teemischungen oder als Gewürz für herzhafte Speisen. Mit den Blüten aromatisiert man Suppen, Kartoffelgerichte, Kräuteröle oder Salate.

Wiesen-Salbei

Salvia pratensis subsp. *pratensis* (Lippenblütler)
H 30–60 cm   Mai–Aug.   Staude

Vorkommen *Europa. Magerrasen, Halbtrockenrasen, Fettwiesen, Wege, Böschungen, Dämme. Eher trockene, meist kalkige Böden.*

Sammelzeit
> *Triebe/Blätter: April–Juni*
> *Blüten: Mai–Aug.*

Die jungen Triebe und Stängel eignen sich bis Juni als Zugabe von Smoothies und geben diesen einen süßlichen Geschmack. Die frischen, leicht scharfen Blätter dienen roh oder gekocht als Würze. Besonders in Backteig frittiert entfalten sie ihr Aroma. Die Blüten verwendet man als Dekoration oder zum Färben von Essig, Likör, Säften sowie von Ostereiern.

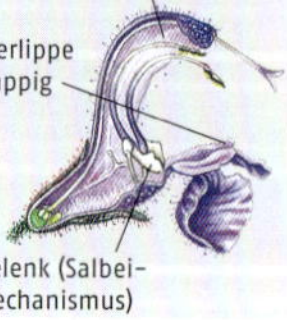

Die Bestäubung erfolgt über den typischen Salbei-Mechanismus: Hummeln stecken ihren Rüssel in die Blüte, um Nektar zu sammeln. Dabei lösen sie einen Hebelmechanismus aus, der den Blütenstaub am haarigen Körper der Hummel abstreift.

Zieste *(Stachys)*: Seite 130–131

Die Gattung Ziest *(Stachys)* gehört zur Familie der Lippenblütler *(Lamiaceae)* und ist mit 300 Arten fast weltweit verbreitet. *Stachys*-Arten sind meist aufrechte, einjährige oder ausdauernde krautige Pflanzen, selten auch Halbsträucher oder kleine Sträucher. Manchmal werden Rhizome als Überdauerungsorgane gebildet. Die nesselartigen, ungeteilten Blätter sind am Stängel gegenständig angeordnet. Die Lippenblüten sind in dichten Scheinquirlen in den Achseln von hochblattartigen Laubblattpaaren angeordnet. Der Blütenstand ist nicht besonders vom belaubten Stängel abgesetzt. Die 3-lappige Unterlippe ist länger als die Oberlippe. Die 4 Staubblätter ragen aus der Kronröhre, überragen jedoch nicht die Oberlippe. Die Frucht ist eine Spaltfrucht, sie zerfällt in 4 eiförmige bis längliche 3-kantige Teilfrüchte (Klausen).

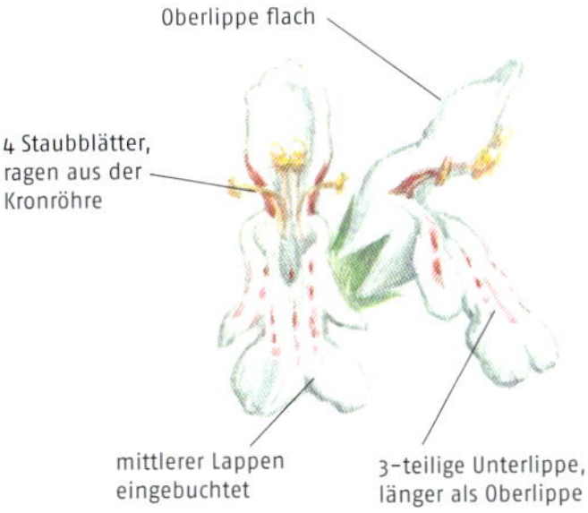

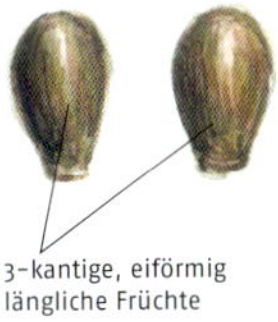

4 Merkmale, an denen man essbare Lippenblütler erkennt: siehe Seite 114

Heil-Ziest

Stachys officinalis (Lippenblütler)
H 30–80 cm Juli–Aug. Staude

Vorkommen *Mittel-, Südeuropa. Heiden, Moorwiesen, magere Bergwiesen. Feuchte Böden.*

Sammelzeit
- > *Blätter: April–Juni*
- > *Stängelbasis: April*
- > *Blüten: Juli–Aug.*
- > *Wurzeln: Sept.–Frühling*

Weil die Blätter und die geschälte Stängelbasis scharf-bitter schmecken, verwendet man sie eher als Gewürz. Die weichen Teile der Wurzelknollen schmecken gekocht als Gemüse. Ein Tee aus der frischen Wurzel wirkt als Abführmittel, ein Tee aus der getrockneten Wurzel als Brechmittel. Die getrockneten Blätter sind als Tabakersatz zu verwenden.

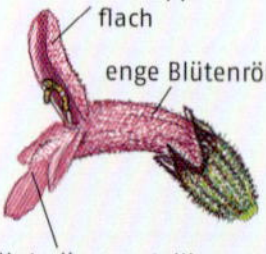

Sumpf-Ziest

Stachys palustris (Lippenblütler)
H 30–100 cm Juni–Sept. Staude

Vorkommen *Europa. Feuchtwiesen, Gräben, Ufer, Auen, Äcker. Auf feuchten, nährstoffreichen Böden.*

Sammelzeit
- > *junge Blätter: April–Juni*
- > *Stängelbasis: April*
- > *Blüten: Juni–Sept.*
- > *Wurzeln: Sept.–Winter*

Die süßlich nussige Wurzel ist ähnlich wie der in Frankreich als Delikatesse geschätzte Knollenziest zu verwenden. Die jungen pilzaromatischen Triebe schmecken frisch in Salaten oder Gemüsegerichten. Getrocknet und zerrieben ergeben die Blätter in Kombination mit Salz ein schmackhaftes Grillgewürz.

Wald-Ziest

Stachys sylvatica (Lippenblütler)

H 30–100 cm   Juli–Sept.   Staude

Die Blätter riechen beim Zerreiben etwas unangenehm. Gedünstet geben sie jedoch Suppen und Gemüsegerichten ein besonderes Aroma, das etwas an Pilze erinnert. Die kurz vor der Blüte gesammelten Blätter können auch zu Tee getrocknet werden oder man verwendet sie als Grillgewürz. Die Blüten eignen sich zum Dekorieren herzhafter Speisen. Ab September gräbt man die Wurzeln. Die knolligen unterirdischen Ausläufer kann man dünsten oder wie Kartoffeln zu Püree verarbeiten. Sie schmecken angenehm aromatisch.

Vorkommen *Europa. Wälder, Gebüsche, Waldquellen, Waldwege. Auf nassfeuchten, nährstoffreichen Böden.*

Sammelzeit

- *junge Blätter: April–Juni*
- *Stängelbasis: April*
- *Blüten: Juli–Sept.*
- *Wurzeln: Sept.–Frühling*

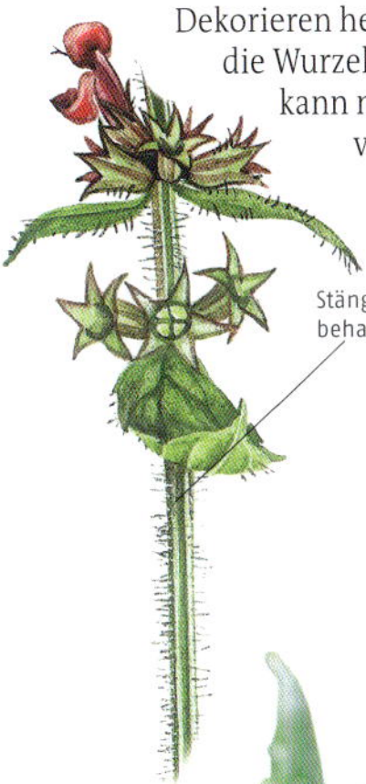

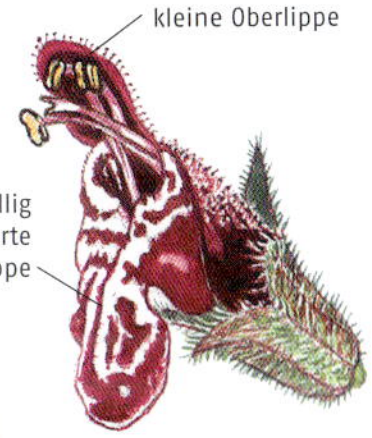

Gewöhnlicher Feld-Thymian

Thymus pulegioides subsp. *pulegioides* (Lippenblütler)
H 5–40 cm Mai–Okt. Staude

Vorkommen *Europa. Magerrasen, Weiden, Böschungen, Felsen, Ameisenhaufen. An warmen, trockenen Standorten.*

Sammelzeit
> *Blätter: Frühsommer–Herbst*
> *Blüten: Mai–Okt.*

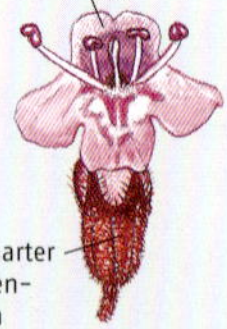

Feld-Thymian wird wie der Echte Thymian genutzt. Die leicht scharfen Blätter würzen Kräuterbutter, -salz, -öl und -essig sowie Kartoffelsuppe, Eintöpfe, Soßen, Braten und Fisch. Thymian unterstützt die Verdauung von schweren Speisen. Die milderen Blüten aromatisieren Getränke und sind eine würzende Dekoration auf Tomaten oder Salaten.

Sand-Thymian

Thymus serpyllum (Lippenblütler)
H 2–10 cm Juni–Sept. Staude

Vorkommen *Europa. Steinschutthalden, Steinbrüche, Wegränder, Böschungen, Bahndämme, trockene Wiesen. Rohbodenpionier auf Böden aller Art.*

Sammelzeit
> *Blätter: Frühsommer–Herbst*
> *Blüten: Juni–Sept.*

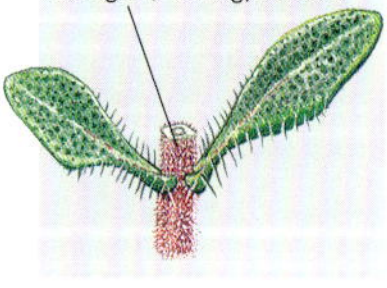

Morgens als Tee getrunken erfrischen die Blätter den Geist, der Morgenhusten verschwindet und sie geben ein gutes Gefühl im Magen. Die Pflanze dient als kräftiges Gewürz zu gegrilltem und gedünstetem Fleisch, zu Bratkartoffeln, Hülsenfrüchten, Suppen und Rohkost.

Drüsiges Springkraut

Impatiens glandulifera (Balsaminengewächse)
H 50–250 Juli–Okt. einjährig

Die nussig schmeckenden Samen schmecken, geröstet oder roh, pur oder über Suppen oder Salate gestreut. Dank des hohen Fettgehalts eignen sie sich für Würzpasten oder Pestos. Die Blüten sollte man nur in geringen Mengen zur Dekoration oder zum Aromatisieren verwenden. Bitte nicht selber anbauen, siehe Seite 14.

Die grünen Pflanzenteile wirken roh stark abführend und harntreibend. Die jungen Triebe sind nach 1- bis 2-maligem Auskochen (mit Wasserwechsel) essbar, schmecken aber stumpf und haben einen rauen Nachgeschmack.

***Vorkommen** Europa. Ufer, Auen, feuchte Wälder. Eher schattige Standorte mit feuchten Böden.*

Sammelzeit
> Blüten: Juli–Okt.
> Samen: Herbst

Großes Springkraut

Impatiens noli-tangere (Balsaminengewächse)
H 30–100 cm Juli–Aug. einjährig

Die frischen und reifen Samen kann man roh essen. Der nussige Geschmack wird durch Rösten intensiver. Sie eignen sich zum Bestreuen von Broten oder als Würze für Aufstriche und als Beigabe in Bratlingen. Die Blüten passen gut in Kräuteressig. Alle Springkräuter können ähnlich verwendet werden.

Die grünen Pflanzenteile wirken roh stark abführend und harntreibend. Die jungen Triebe sind nach 1- bis 2-maligem Auskochen (mit Wasserwechsel) essbar, schmecken aber stumpf und haben einen rauen Nachgeschmack.

***Vorkommen** Europa. Waldquellen, Waldbäche, Waldauen, Schluchtwälder. Feuchte, schattige Böden.*

Sammelzeit
> Blüten: Juli–Aug.
> Samen: Herbst

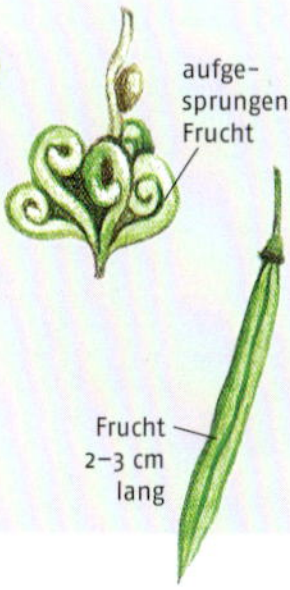

Wiesen-Klee 005

Trifolium pratense (Hülsenfrüchtler)

H 15–45 Mai–Sept. Staude

***Vorkommen** Europa, Asien. Wiesen, Weiden, Wegränder. Kulturformen zur Bodenverbesserung auf Äckern angebaut.*

Sammelzeit
- > *Blätter: Vegetationsperiode*
- > *Blüten: Mai–Sept.*
- > *Samen: Aug.–Sept.*

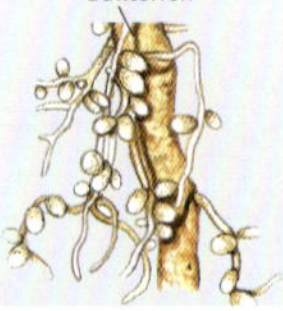

Die geschmacklich an Erbsen erinnernden Blätter werden in Frühjahrssuppen, Kräutermischungen oder in Salaten verwendet. Ausgezupfte Blüten streut man über Salate oder Gemüsegerichte. Die gewaschenen, mit Mehl und Salz zerstampften Blütenköpfchen werden auf ein Blech gedrückt und wie Knäckebrot gebacken

Gewöhnlicher Hornklee

Lotus corniculatus (Hülsenfrüchtler)

H 5–40 cm Juni–Sept. Staude

***Vorkommen** Europa. Wiesen, Weiden, Halbtrockenrasen, Gebüsch und Wegränder, Böschungen. Warme, mäßig trockene, kalk- oder lehmhaltige Böden.*

Sammelzeit
- > *Triebspitzen: März–April*
- > *Samenschoten: Juni–Juli*
- > *Blüten: Juni–Sept.*

Mit seinem strengen Geschmack passt er in Suppen, Eintöpfe oder Gemüsefüllungen. Die Samenschoten bereitet man wie junge Bohnen zu. Die Blüten haben ein mandel- bis erbsenartiges Aroma und werden als würzende Dekoration auf Brote gestreut oder getrocknet und gemahlen in Mehl für Gebäck gemischt.

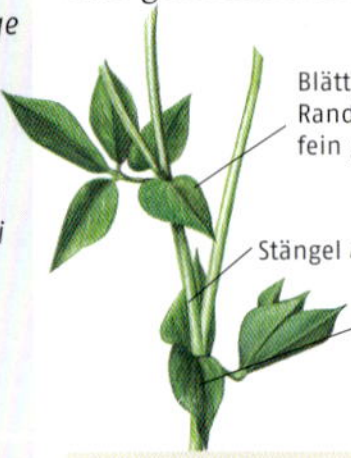

Die Pflanze enthält leicht giftige Cyanwasserstoffe, die beim Kochen ohne Deckel oder Trocknen entweichen.

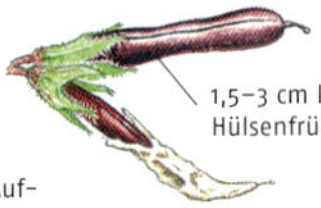

Hopfenklee

Medicago lupulina (Hülsenfrüchtler)
H 15–60 Juni–Okt. einjährig/zweijährig

Die bohnenartig bis bitter schmeckenden Blätter werden in kleinen Mengen als Gewürz für Möhren- oder Selleriesalat verwendet. Das Aroma der Blüten erinnert an Erbsen, sie schmecken als Dekoration, mit Wiesen-Klee gemischt in Knäckebrot (vgl. S. 134) oder getrocknet und gemahlen als Mehlzusatz. Die Samen würzen Brotteig oder werden als Keimsaat verwendet.

***Vorkommen** Europa. Magerrasen, Trockenwiesen, Dämme, Straßenränder, Äcker, Wege. Mäßig trockene Kalk- und Lehmböden.*

Sammelzeit
- *Blätter: März–Mai*
- *Blüten: Juni–Okt.*
- *Samen: Herbst*

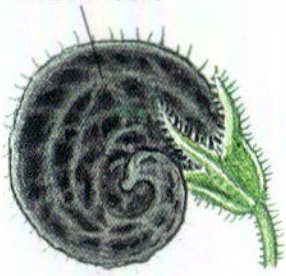

Durch Einlegen oder Spülen der Blätter in Wasser wird der strenge Geschmack gemildert.

Gewöhnlicher Steinklee

Melilotus officinalis (Hülsenfrüchtler)
H 30–100 cm Juni–Sept. zweijährig

Mit seinem waldmeister- bis vanilleartigen Duft, der erst nach dem Anwelken zur Geltung kommt, aromatisiert er Limonaden, Marmeladen und Desserts, aber auch Gemüsegerichte. Ein paar wenige Blätter passen in Salatsoßen. Getrocknete, gemahlene Blüten werden wie Zimt verwendet. Die Samen geben Käse einen würzigen Geschmack.

***Vorkommen** Europa. Wege, Dämme, Steinbrüche, Schuttplätze, Ödflächen. In Kalkgebieten.*

Sammelzeit
- *Triebe/Kraut: April–Sept.*
- *Blüten: Juni–Sept.*
- *Samen: Herbst*

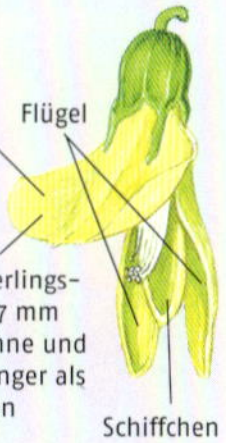

Getrockneter Steinklee eignet sich nicht als Viehfutter. Das enthaltene Cumarin reagiert beim Trocknen zu Dicumarol, das bei Tieren innere Blutungen hervorrufen kann und ein gebräuchliches Rattengift ist. Beim Menschen führt übermäßiger Gebrauch zu Kopfschmerzen (siehe Waldmeister, S. 21).

Saat-Luzerne

Medicago sativa (Hülsenfrüchtler)

H 30–80 Juni–Sept. Staude

Vorkommen *Europa. Magerwiesen, Wegränder, Böschungen. Warme, kalkreiche Böden.*

Sammelzeit

- > *Blätter: März–Mai*
- > *Blüten: Juni–Sept.*
- > *Samen: Herbst*

Die auch als Alfalfa bekannte Pflanze wurde bereits bei den alten Griechen als Grundnahrungsmittel angebaut. Sie ist wie der Hopfenklee zu verwenden. Aus den Samen gezogene Sprossen wirken regulierend auf den Cholesterin- und Blutzuckerspiegel, antidepressiv und stärken Darm, Muskeln und Haut.

Dornige Hauhechel

Ononis spinosa (Hülsenfrüchtler)

H 30–60 cm Juni–Sept. Staude/Halbstrauch

Vorkommen *Mittel- und Südeuropa. Magerrasen, Weiden, Weg- und Waldränder, Böschungen, Dämme. Warme, kalkhaltige Böden.*

Sammelzeit

- > *dornlose Triebe: ab April*
- > *Blüten: Juni–Sept.*
- > *Wurzeln: ab Sept.*

Die scharf-würzigen dornenlosen Austriebe werden fein gehackt unter Salate, Kräuterdips oder Spinat gemischt. Die Blüten dienen als Dekoration von Salaten oder belegten Broten. Die lange Pfahlwurzel schmeckt scharf und riecht süßholzartig. Getrocknet und zermahlen dient sie als »Puderzucker«.

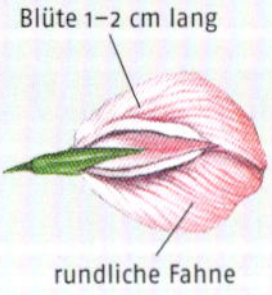

Vogel-Wicke

Vicia cracca (Hülsenfrüchtler)

H 30–120 Juni–Juli Staude

Gegarte junge Triebe und Blätter werden als herbe Zutat in Suppen und Gemüsen verwendet. Frische Blütenknospen und Blüten, mit Ei und Mehl oder Schrot gemischt, ergeben einen schmackhaften Bratling- oder Fladenteig. Die zarten Samenschoten sind ein leckeres Pfannengemüse. Reife Samen haben eine lange Kochzeit.

Vorkommen *Europa. Wiesen, Weiden, Äcker, Ödflächen, Waldränder, Gebüsche, Flussufer.*

Sammelzeit

- *junge Triebe: April–Juni*
- *Blüten: Juni–Juli*
- *Samen: Juli–Sept.*

Enthält in unterschiedlichen Mengen Blausäure. Diese geht durch Garen verloren. Wenige Blüten können unbedenklich roh verzehrt werden.

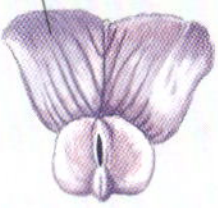

Bärenschote

Astragalus glycyphyllos (Hülsenfrüchtler)

H 40–100 cm Juni–Sept. Staude

Die süß schmeckenden Blätter werden als Süßungsmittel für Tee einfach mit aufgebrüht. Mehr Süßkraft haben die Wurzeln. Zur Gewinnung eines wie Streuzucker zu verwendenden Pulvers trocknet man die Wurzeln und zermahlt sie. Aus den Wurzeln lässt sich auch ein Sirup kochen.

Vorkommen *Mitteleuropa. Waldränder, Wegränder, Schuttplätze. Wasserarme, nährstoff- und basenreiche Böden.*

Sammelzeit

- *Blätter: April–Juni*
- *Wurzeln: Frühling*

Wiesen-Platterbse

Lathyrus pratensis (Hülsenfrüchtler)
H 30–100 cm Juni–Juli Staude

***Vorkommen** Europa. Wiesen, Hecken, Wälder, Fluss- und Bachläufe. Nasse, nährstoffreiche, lehmige Böden.*

Sammelzeit
- *Triebe: Mai–Juni*
- *Blätter/Blütenknospen/Blüten: Juni–Juli*
- *Schoten: Juli–Aug.*

Die leicht süßlich schmeckenden Blüten und die erbsenartigen, saftigen jungen Triebe und Blütenknospen werden nur gekocht in Mischgemüsen verwendet. Die jungen Samenschoten passen in Gemüsesuppen. Gepellte Samen werden wie Erbsen zubereitet oder getrocknet und zu Mehl für Bratlinge oder Brot vermahlen.

Samen und Keimlinge enthalten das Alkaloid Lathyrin. Es wird durch Einweichen in Wasser weitestgehend entfernt. Bei täglichem Verzehr in großen Mengen können Erbrechen, Schweißausbrüche, Atemnot, Schwindel, Krämpfe und Gliederzittern auftreten.

Gelbe Spargelerbse

Tetragonolobus maritimus (Hülsenfrüchtler)
H 10–30 cm Mai–Sept. Staude

***Vorkommen** Mittel-, Ost- und Südeuropa. Magerrasen, nasse Hänge, Moorwiesen, Wegränder, Flussufer. Warme, basenreiche Böden.*

Sammelzeit
- *Hülsenfrüchte: ab Juni*

Die jungen Schoten, von denen man zunächst die 4 häutigen Flügel abzieht, bereitet man wie Spargel als Gemüse oder Salat zu. Kurz blanchiert oder in Butter gedünstet sind sie eine köstliche Beilage zu Fleisch- und Gemüsegerichten. Sie eignen sich aber auch für Eintöpfe und Gemüsesuppen.

Wiesen-Witwenblume

Knautia arvensis (Kardengewächse)
H 30–80 cm   Juli–Sept.   Staude

Vorkommen *Europa. Wiesen, Halbtrockenrasen, Wegränder, Waldränder, Äcker. An warmen Standorten auf nährstoffreichen Böden.*

Sammelzeit
> *Blätter: April–Juli*
> *Blüten: Juli–Sept.*

Die jungen, herb-bitteren Blätter werden in kleinen Mengen vor der Blüte unter Salate und Rohkost gemischt. Zur Milderung der Bitterkeit legt man die Blätter 2 Stunden in handwarmes Wasser ein. Die Blüten schmecken mild und dienen als Dekoration in Salaten, auf Broten oder in Gemüsegerichten.

Echtes Eisenkraut

Verbena officinalis (Eisenkrautgewächse)
H 30–100 cm   Juli–Aug.   Staude

Vorkommen *Europa. Schuttplätze, Weiden, Wegränder, Mauern, Gräben. Mäßig feuchte bis trockene Böden.*

Sammelzeit
> *Blätter: April–Aug.*
> *Blüten: Juli–Aug.*

Mit seinem bitter-zitronenartigen Geschmack findet das Kraut überwiegend Verwendung als Anti-Stress-Tee. In der Küche werden die Blätter in geringen Mengen zum Würzen von Salaten, Suppen und Soßen oder als Bittergemüse verwendet. Die herbwürzigen Blüten dekorieren herzhafte Speisen.

Wohlriechendes Veilchen

Viola odorata (Veilchengewächse)

H 5–10 cm März–April Staude

Vorkommen *Mittelmeer, West- und Mitteleuropa. Bachauen, Wald- und Wegränder, Gebüsche, Parks, Gärten.*

Sammelzeit

- > *Triebe: Frühjahr*
- > *Blätter (ohne Stängel): Sept.*
- > *Wurzeln: Okt.–Nov.*

Verwendet werden die süßlich, mild-aromatischen Blüten. Man pflückt sie ohne Stiel und verwendet sie frisch oder vorsichtig im Schatten getrocknet. Blätter und Blüten eignen sich für Süßspeisen, Saft, Konfekt, Marmelade, Salate, Essig und Likör. Eine leichte Abkochung der Veilchenwurzel dient als Brechmittel.

Isst man zu viel von den Blüten und Blättern, kann es zu Übelkeit und Erbrechen kommen. Menschen mit empfindlichem Magen, mit allgemeinen Verdauungsstörungen sowie Schwangere sollten den Verzehr größerer Mengen Duftveilchen vermeiden.

Wildes Stiefmütterchen

Viola tricolor (Veilchengewächse)

H 10–40 cm April–Aug. Staude

Vorkommen *Europa. Böschungen, Wald-, Wiesen- und Wegränder, grasige Hänge, Brach-, Ödflächen. Saure Böden.*

Sammelzeit

- > *Blüten: April–Aug.*

Die Blüten des Stiefmütterchens verzaubern schon früh im Jahr das Auge des Betrachters. Frisch dekorieren sie Salate, Desserts, Suppen und Tellergerichte. Getrocknet oder frisch färben sie Blütentees und Liköre oder lassen sich zu einem feinen Blütengelee verarbeiten. Kandiert sind sie eine Augenweide auf Torten.

Zum Kandieren taucht man die Blüten in flüssigen Eischnee und bestäubt sie anschließend mit Puderzucker. Dann über Nacht oder bei etwa 50 °C für ca. 2 Stunden im Ofen trocknen.

Sauerampfer und Ampfer *(Rumex)*: Seite 142–143

Die Pflanzengattung *Rumex* gehört zur Familie der Knöterichgewächse. Sie ist vor allem in den gemäßigten nördlichen Zonen zu finden. Die bekannteste Kulturpflanze ist der Rhabarber.
Die Blätter sind wechselständig am Stängel angeordnet. Am Übergang von Stängel zu Blatt befindet sich jeweils eine Blattscheide, die sogenannte Ochrea. Sie unterteilt den Stängel in einzelne Abschnitte.
Alle *Rumex*-Arten werden vom Wind bestäubt. Die Blüten sind 6-zählig. Kron- und Kelchblätter sind gleich gestaltet (Perigon) und meist unauffällig und grünlich. Die Blüten stehen zu vielen in Ähren in den Blattachseln und am Ende der Sprosse oder nur am Ende der Sprosse. Die Früchte sind 3-kantige Nüsschen.
Viele Ampferarten finden als Zutat für aromatische Salate, Kräuterquark und Kräutersuppen Verwendung.

Nüsschen vom Großen Ampfer

Nüsschen vom Krausen Ampfer

Nüsschen vom Bergampfer

Wegen des Gehalts an Oxalsäure wird der Verzehr von Ampferarten nur in Maßen empfohlen. Da Oxalsäure beim Kochen mit Stahl und Aluminium reagiert, kann ein metallischer Beigeschmack entstehen. Dies kann man durch die Verwendung von emaillierten Töpfen vermeiden.

Großer Sauerampfer

Rumex acetosa (Knöterichgewächse)

H 30–100 cm   Mai–Aug.   Staude

Vorkommen *Europa. Wiesen, Weiden, Wegränder, Fluss- und Bachufer. Nähstoffreiche, humose Böden.*

Sammelzeit

- > *Blätter/Triebe: März–Okt.*
- > *Samen: Aug.–Okt.*
- > *Wurzeln: Sept.*

Giftiger Doppelgänger

- > *Gefleckter Aronstab (Arum maculatum, S. 204), vor der Blüte*

Die jungen säuerlich frischen Blätter werden roh in Salate, Kräuterbutter, Kräuterquark, Smoothies und Brotaufstriche gemischt. Gegart eignen sie sich für Suppen, Omelettes, Gemüse und Fleisch. Blütenknospen und junge Triebe ergeben gegart eine würzige Beigabe. Getrocknete Samen sind eine erfrischende Keimsaat für den Winter oder werden als Tee zubereitet. Blattstiele verwendet man wie Rhabarber für Kompott oder Kuchen. Getrocknete, gemahlene Wurzeln sind ein Mehlzusatz.

Sauerampfer enthält Oxalsäure und sollte deshalb nur ab und zu in geringen Mengen verzehrt werden. In älteren Blättern steigt der Oxalsäuregehalt. Beim Kochen keine Eisentöpfe verwenden.

Berg-Sauerampfer

Rumex arifolius (Knöterichgewächse)
H 30–100 cm   Juni–Aug.   Staude

Die Pflanze wird wie der Große Sauerampfer verwendet. Die bekanntesten Gerichte sind wohl die Frankfurter Grüne Soße oder die in Frankreich und Belgien bekannte cremige Ampfersuppe. Aus den zarten Teilen im Entsafter gewonnener Gemüsesaft – gemischt mit Wasser oder Joghurt – ergibt ein belebendes Getränk.

***Vorkommen** Europa. Ausschließlich im Gebirge. In hoch gelegenen Buchenwäldern, auf nährstoffreichen und feuchten Wiesen.*

Sammelzeit
- *Blätter/Triebspitzen: April–Juni*
- *Früchte: Aug.–Okt.*

Aufgrund des Oxalsäuregehalts nur sparsam und nicht täglich verwenden.

Krauser Ampfer

Rumex crispus (Knöterichgewächse)
H 30–150 cm   Juni–Aug.   Staude

Die Vitamin-C- und eisenhaltigen bitteren jungen Blätter sind fein gehackt eine gute Ergänzung zu Bratkartoffeln, Gemüsefüllungen oder Soßen. Sie können auch als Bittergemüse zubereitet oder wie Sauerkraut eingelegt werden und aromatisieren Liköre und Bier. Getrocknete, zermahlene Wurzeln ergeben ein Mehl zum Strecken von normalem Mehl.

Nur in kleinen Mengen verwenden, da Ampfer oxalsäurehaltig ist.

***Vorkommen** Europa. Nasse Weiden, Ufer, Gräben, Äcker, Wiesen, Ödflächen, Straßenränder. Feuchte Böden.*

Sammelzeit
- *junge Blätter/Blattstiele: März–Mai*
- *Wurzeln: Sept.–März*

Gewöhnlicher Frauenmantel

Alchemilla xanthochlora syn. *Alchemilla vulgaris* (Rosengewächse)
H 3–30 cm Mai–Aug. Staude

***Vorkommen** Europa. Wiesen, Gebüsche, Weiden, Waldwege. Feuchte, nährstoffreiche Standorte.*

Sammelzeit
- > *Blätter: April–Juli*
- > *Blüten: Mai–Aug.*

Die rispenartigen Blütenstände kann man als essbare Dekoration verwenden. Die jungen, bitteren Blätter isst man fein geschnitten im Salat oder zum Kochgemüse. Die gesamte Pflanze ergibt einen wohlschmeckenden Tee.

Großer Wiesenknopf

Sanguisorba officinalis (Rosengewächse)
H 30–150 cm Juni–Aug. Staude

***Vorkommen** Europa. Wiesen, Moor- und Bergwiesen. Feuchte bis nasse Standorte.*

Sammelzeit
- > *Wurzeln: Herbst–Winter*
- > *Blätter/Triebspitzen/Blütenknospen: April–Juni*

Die Pflanze kann wie der Kleine Wiesenknopf verwendet werden. Blätter, Triebspitzen und Blütenknospen nutzt man als Rohkost oder in Gemüsegerichten. Die Blätter dienen außerdem als Gewürz oder Tee. Die Wurzel kann geschält als Misch- oder Backgemüse gegessen oder getrocknet und gemahlen als Würzmehl verwendet werden.

Gewöhnlicher Kleiner Wiesenknopf

Sanguisorba minor subsp. *minor* (Rosengewächse)

H 15–40 cm Mai–Aug. Staude

Vorkommen *Europa. Wegränder, Wiesen, Magerrasen, Böschungen. Kalkhaltige, magere Standorte.*

Sammelzeit

> *Wurzeln: Herbst–Winter*
> *Blätter/Triebspitzen/ Blütenknospen: Mai–Aug.*

Der Kleine Wiesenknopf ist eine gute Gewürzpflanze. Er wird im Volksmund auch Bibernelle genannt, ist mit dieser aber nicht verwandt. Das Gewürz ist Bestandteil der berühmten Frankfurter Grünen Soße. Es ist wichtig, die Pflanze nicht mitzukochen, da sonst der nussige, leicht bittere Geschmack zerstört wird. Man gibt die Pflanze deshalb zum Schluss roh zu den jeweiligen Gerichten. Für sonstige Verwendungen siehe Großer Wiesenknopf.

Wegeriche *(Plantago)*: Seite 147–148

Die Pflanzengattung der Wegeriche *(Plantago)* gehört zur Familie der Wegerichgewächse (Plantaginaceae). Auf der ganzen Welt verbreitet findet man ca. 260 Plantaginaceae-Arten. Es handelt sich um einjährige und ausdauernde Kräuter und Zwergsträucher. Die eiförmigen oder linealischen Blätter stehen in einer Grundrosette oder gegen- oder wechselständig am Stängel verteilt. Die Blätter sind sogenannte Rhachis-Blätter: Die Blattspreite besteht nur aus der Rhachis, der Fortsetzung des Blattstiels, daher sind auch die Blattadern parallel oder bogenförmig. Die Blütenstängel sind überwiegend aufrecht und unverzweigt. Die Blüten selbst erscheinen in der Form von vielblütigen Ähren oder Köpfchen. Die 4-zähligen Einzelblüten sind so klein, dass sie einzeln kaum erkennbar sind. Aus den abstehenden oder zurückgebogenen Kronblättern ragen die Staubfäden lang heraus. Die Kapselfrüchte enthalten mehrere Samen.

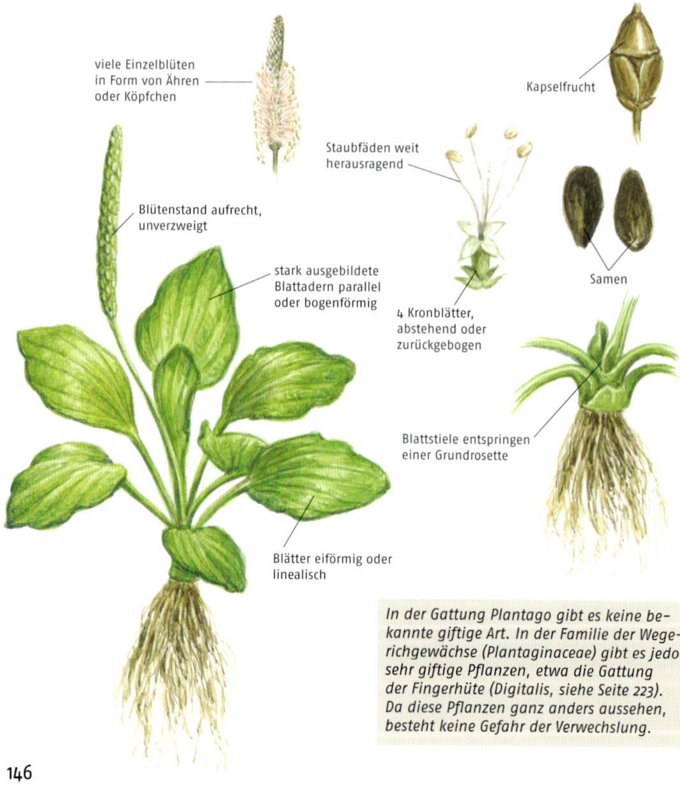

In der Gattung Plantago gibt es keine bekannte giftige Art. In der Familie der Wegerichgewächse (Plantaginaceae) gibt es jedoch sehr giftige Pflanzen, etwa die Gattung der Fingerhüte (Digitalis, siehe Seite 223). Da diese Pflanzen ganz anders aussehen, besteht keine Gefahr der Verwechslung.

Mittlerer Wegerich

Plantago media (Wegerichgewächse)
H 10–45 cm   Mai–Juni   Staude

Die Frühlingsblätter schmecken roh mit Frischkäse bestrichen. Ältere Blätter lassen sich gegart nutzen oder wie Sauerkraut einlegen. Gegart schmecken sie wie eine Mischung aus Spinat und Kohl. Die Blüten und Fruchtstände erinnern im Geschmack an Champignons und sind roh als Snack, in Salaten oder als Kapernersatz ein Genuss.

Vorkommen *Europa. Halbtrockenrasen, magere Wiesen, Weiden, Rasen, Wege, Straßenränder. An meist sandigen Standorten.*

Sammelzeit
- > *Blätter (aus der Mitte der Rosette): gesamte Vegetationszeit*
- > *Knospen: April–Juni*
- > *Samen: Juni–Juli*

Getrocknete Blätter aller 3 Arten werden zum Aromatisieren von Rauchtabak verwendet. Sie sind wohlschmeckend und mindern die Lust aufs Rauchen.

Spitz-Wegerich 006

Plantago lanceolata (Wegerichgewächse)
H 10–50 cm   Mai–Sept.   Staude

Alle Pflanzenteile sind roh oder gekocht essbar, selbst die Wurzeln. Die eher bitter schmeckenden Blätter würzen Omelettes, Salate, Frischkäse und Kräuterquark. Kurz vor der Blüte geerntete Knospen haben roh einen nussigen, gegart einen pilzartigen Geschmack.

Vorkommen *Europa. Wiesen, Weiden, Parks, Ödflächen, Wege, Äcker. Tiefgründige Böden.*

Sammelzeit
- > *Blätter/Wurzeln: gesamte Vegetationsperiode*
- > *Knospen: April–Sept.*
- > *Samen: Juni–Okt.*

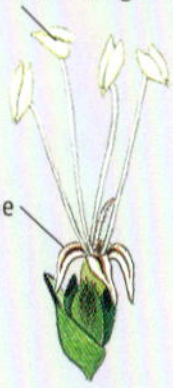

Wegerichblüten sollten von Pollenallergikern vorsichtig verwendet werden, da sie 2–3 Millionen Pollen je Blütenstand produzieren.

Gewöhnlicher Breit-Wegerich

Plantago major subsp. *major* (Wegerichgewächse)

H 5–40 cm Juni–Okt. Staude

Vorkommen *Weltweit. Wege, Plätze, betretene Rasen, Ufer, intensiv genutzte Weiden, Pflasterfugen. Mäßig nährstoffreiche Böden.*

Sammelzeit

- > *Blätter/Wurzeln: gesamte Vegetationsperiode*
- > *Knospen: April–Sept.*
- > *Samen: Juli–Nov.*

Die klein geschnittenen Wurzeln ergeben eine aromatische Beigabe in Suppen und Eintöpfen. Dank ihrer guten Gelierfähigkeit lassen sich die Samen für Süßspeisen verwenden. Mit ihrem hohen Ölgehalt eignen sie sich auch als Grundlage für Pestos oder in Broten verbacken. Die Blätter passen in Aufläufe und Gemüsefüllungen.

Angeröstete Samen im Mörser zerkleinern, zu gleichen Teilen mit Butter mischen und leicht salzen. Der Geschmack erinnert an Erdnussbutter.

Kleine Brennnessel

Urtica urens (Brennnesselgewächse)
H 10–60 cm Juni–Sept. einjährig

Die jungen Sprosse finden gegart in Gemüsegerichten, Soßen, in Teig ausgebacken, roh in Smoothies, fein gehackt in Kräuterbutter, Salaten, als Brotbelag oder getrocknet als Gewürz Verwendung. Die grünen Samen streut man geröstet aufs Brot. Reife Samen schmecken nussig in Müslis und dienen als Grundlage für Bratlinge.

***Vorkommen** Weltweit. Schuttplätze, verunkrautete Gärten, Mistplätze, Weinberge, an Ställen, an Komposthaufen. Stickstoffreiche Böden.*

Sammelzeit
- *junge Sprosse: April–Mai*
- *grüne Samen: Juni–Juli*
- *reife Samen: Sept.*

Gewöhnliche Große Brennnessel

Urtica dioica subsp. *dioica* (Brennnesselgewächse)
H 30–150 cm Juli–Okt. Staude

Die Brennhaare werden durch Walken, Mixen oder Kochen zerstört. Die milden jungen Blätter und Triebspitzen lassen sich wie Spinat zubereiten oder roh in Smoothies und Brotaufstrichen verwenden. Die frischen und getrockneten, nussigen Samen sind eine wertvolle Eiweißquelle. Sie werden übers Müsli gestreut oder in Bratlingen verarbeitet.

Die Pflanze eignet sich hervorragend zur Fasergewinnung. Nesselstoff war neben Leinen ein gängiges Gewebe, bevor er durch Baumwolle vom Markt verdrängt wurde.

***Vorkommen** Europa. Kulturfolger. Wege, Schuttplätze, Gräben, Waldränder, überdüngte Wiesen. Stickstoffreiche Böden.*

Sammelzeit
- *junge Blätter: März–Juli*
- *Samen: Juli–Okt.*

Gänsefußgewächse *(Chenopodiaceae)*: Seite 151–152

Die Pflanzenfamilie der Gänsefußgewächse umfasst 19 Gattungen, die über die ganze Erde verbreitet sind. Überwiegend wachsen sie an salz- und stickstoffhaltigen Stellen, an Meeresstränden und als Ruderalpflanzen. Die bekanntesten Gattungen sind Beten *(Beta)* mit den Gemüsearten Mangold und Rote Bete, Gänsefuß *(Chenopodium)* und Spinat *(Spinacia)*. Im Buch stellen wir 3 Vertreter vor.
Die meist zwittrigen Blüten sind klein und unscheinbar, haben eine grünliche oder rötliche, einfache Blütenhülle und stehen vereint in knäueligen, trugdoldigen oder traubigen Blütenständen. Die Blattformen variieren stark, wobei die Blätter meist wechselständig am Stängel angeordnet sind.

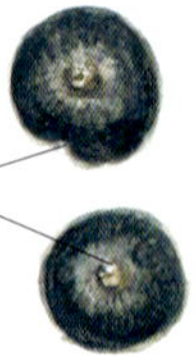

Nach neuen molekularbiologischen Erkenntnissen und morphologischen Merkmalen sind die Gänsefußgewächse (Chenopodiaceae) der Familie der Fuchsschwanzgewächse (Amaranthaceae) zugeordnet.

Spreizende Melde

Atriplex patula (Gänsefußgewächse)

H 30–100 cm   Juli–Okt.   einjährig

Wegen ihres milden Geschmacks verwendet man die Melde in Mischgemüsen sowie die jungen Blätter als Salatgrundlage. Die Knospen schmecken roh in Salaten. Die reifen Samen sind eine gute Grundlage für Grütze. Getrocknet und gemahlen sind sie zu einem großen Anteil mit Brotmehl mischbar.

Vorkommen *Europa. Äcker, Gärten, Weinberge, Wege, Flussufer. Nährstoffreiche, lockere Ton- und Lehmböden.*

Sammelzeit

- *Blattsprosse: April–Juli*
- *Blütenknospen: Juli–Aug.*
- *Samen: Sept.–Okt.*

Giftiger Doppelgänger

- *Stechapfel (Datura stramonium, S. 209), vor der Blüte*

Guter Heinrich

Chenopodium bonus-henricus (Gänsefußgewächse)

H 20–60 cm   Juni–Aug.   einjährig

Die zarten Blätter und Blütenstiele der jungen Pflanze schmecken herb-würzig und werden wie Spinat zubereitet. Dickere Stängel und Triebe verwendet man wie Spargel. Knospige Blütenstände sind ein guter Ersatz für Brokkoli. Die Samen werden in Salzwasser gegart und gut gewürzt als Füllung für Tomaten oder Paprika verwendet.

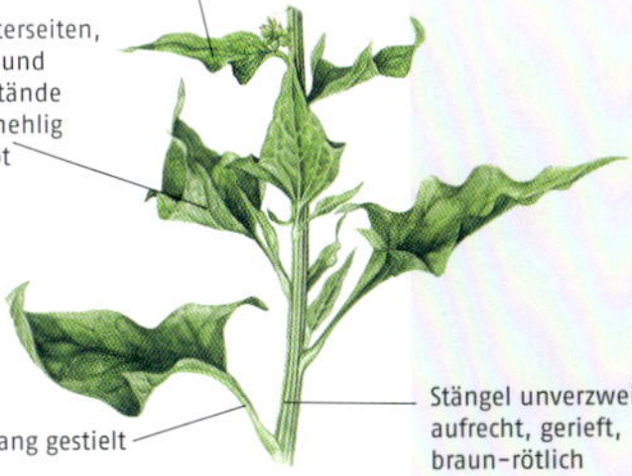

Vorkommen *Mitteleuropa. Wege, Misthaufen, Viehlager, Ställe. Im Bestand bedroht.*

Sammelzeit

- *Blätter: April–Juni*
- *Blüten/Knospen: Juni–Aug.*
- *Samen: Herbst*

Europäischer Queller

Salicornia europaea subsp. *europaea* (Gänsefußgewächse)
H 5–30 cm Aug.–Okt. einjährig

Vorkommen *Europa. Erstbesiedler von offenen Salzschlickböden der Meeresküsten.*

Sammelzeit
> Triebe: April–Aug.

Wer eine natürliche Jodquelle im Reich der Pflanzen sucht, für den ist Queller genau das Richtige. Frischer Queller lässt sich gut zu Pesto verarbeiten. Dieses passt besonders gut zu Ofenkartoffeln, Nudeln oder Fisch. Die fleischigen Blätter schmecken leicht pfeffrig und sind in den Niederlanden sogar im Supermarkt erhältlich.

Der Queller heißt auch Glasschmelz, da seine mineralstoffreiche Asche früher bei der Glasherstellung zur Herabsetzung des Schmelzpunkts von Glas verwendet wurde. Ebenso wurde daraus Soda zur Seifenherstellung gewonnen.

Gewöhnliche Teichsimse

Schoenoplectus lacustris (Sauergrasgewächse)

H 100–400 cm   Mai–Juli   Staude

Die jungen, weißen Rhizome schmecken ähnlich wie Kartoffeln und werden wie diese verwendet. Zerkleinerte faserige Wurzelstücke, in wenig Wasser gegart, passiert und getrocknet oder eingeköchelt, ergeben einen süßen Brei. Getrocknete und gemahlene Wurzeln liefern ein Mehl für Teiggerichte. Die Samen schmecken nussig.

***Vorkommen** Weltweit. Stehende oder schwach fließende Gewässer. Überflutete Böden, bis 3 m Wassertiefe.*

Sammelzeit

- *Wurzeln: Sept.–Winter*
- *Samen: Aug.*

Aus den Stängeln wurden und werden Körbe und Matten geflochten. Die reinigende Eigenschaft der Pflanze nutzt man in biologischen Kläranlagen.

Gewöhnlicher Hopfen

Humulus lupulus (Hanfgewächse)

H 200–400 cm   Juli–Aug.   Staude

Die jungen Triebspitzen werden wie Grünspargel zubereitet. Die spinatartig schmeckenden Blätter eignen sich für Gemüsegerichte. Roh geben sie Salaten und Smoothies einen frischen Geschmack. Aus den weiblichen Blüten wird – außer, dass man sie zum Bierbrauen braucht – ein Tee zubereitet. Die männlichen dünstet man als Gemüse. Die Wurzeln finden als Back-, Brat- und Kochgemüse Verwendung.

***Vorkommen** Süd- und Mitteleuropa. Selten Auwälder, Waldränder. Meist kultiviert.*

Sammelzeit

- *Triebspitzen/Blätter: April–Juli*
- *Zapfen: Juli–Aug.*
- *Wurzeln: ab Sept.*

Giftige Doppelgänger
Gewöhnliche Waldrebe (Clematis vitalba, S. 230), Zaunrübe (Bryonia, S. 211, S. 230)

Aus Hopfen lassen sich Fasern gewinnen. Sie sind spröde und eignen sich nur für gröbere Gewebe und Seile.

Kriech-Quecke

Elymus repens (Süßgräser)

H 30–100 cm Juni–Aug. Staude

Vorkommen *Nordhalbkugel. Ackerflächen, Güllewiesen, Wege, Ufer, Dämme, Schuttplätze. Stickstoffreiche Böden.*

Sammelzeit

- *Blätter: Frühling*
- *Samen: Juli*
- *Wurzeln: Sept.–Winter*

Der Geschmack der klein gehackten Blätter wird beim Kauen süßlich. Sie bereichern Salate und Smoothies. Reife Samen schmecken roh, in Müslis oder gebacken. Die getrockneten Wurzeln werden zu Mehl vermahlen und zum Backen verwendet. Einen daraus ausgepressten stärkehaltigen Saft trinkt man frisch.

Gewöhnliches Schilf

Phragmites australis (Süßgräser)

H 100–400 cm Juli–Sept. Staude

Vorkommen *Europa. Röhrichtzone stehender oder langsam fließender Gewässer bis 1 m Tiefe. Quellmoore, Moorwiesen.*

Sammelzeit

- *Triebe: April*
- *Samen: Sept.–Okt.*
- *Wurzeln: Herbst*

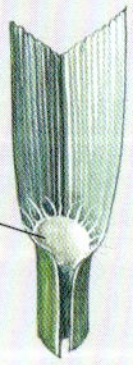

Die getrockneten, jungen, weißen Wurzeln werden zerkleinert, pulverisiert, gesiebt und dann als Mehl verwendet. Neue, noch weiche Triebe (äußere Blätter abschälen) werden mitsamt der Wurzel als mildes Gemüse genutzt. An angeritzten, jungen Stängeln sammelt sich eine Sirupkugel. Die zerdrückten Samen kann man wie Getreideschrot verwenden.

Das Schilf nimmt keine Feuchtigkeit auf und verrottet daher nur langsam, es ist stabil und wird zum Abdecken von Dächern (Reetdächer) genutzt.

Acker-Schachtelhalm

Equisetum arvense (Schachtelhalmgewächse)
H 20–50 cm März–April Staude

Die grünen Stängel und nadelförmigen Blätter werden als herbe Beigabe in Mischgemüsen oder für aromatische Tees verwendet. Getrocknet ist das Aroma milder. Die goldbraunen, in Öl frittierten Triebe sind in Asien eine Delikatesse. Die Wurzelknollen isst man roh oder verarbeitet sie zu Gemüsegerichten.

***Vorkommen** Nordhalbkugel. Äcker, lehmige, feuchte Wiesenränder, Gräben, Böschungen.*

Sammelzeit
- *Stängel/Blätter: Mai–Aug.*
- *brauner Spross: Frühling*
- *Wurzeln: Sept.–Winter*

Giftige Doppelgänger
- *Sumpf-Schachtelhalm (S. 230) und andere leicht giftige Schachtelhalme*

Beim giftigen Sumpf-Schachtelhalm sind sterile und sporentragende Sprosse gleich grün.

Gewöhnlicher Tüpfelfarn

Polypodium vulgare (Tüpfelfarngewächse)
H bis 50 cm Aug.–Sept. Staude

Von den eingerollten Trieben werden vor der Verwendung die Haare abgerieben. Mit ihrem strengen Geschmack würzen sie Gemüsegerichte. Der ausgekochte Sud der im Aroma an Süßholz erinnernden Wurzeln wird durch Köcheln zu Sirup reduziert. Mit Karamell verarbeitet werden daraus Bonbons mit Lakritzgeschmack.

***Vorkommen** Europa, Asien, Amerika. Baumrinde, schattige Mauern, Felsen. Kalkarme Böden.*

Sammelzeit
- *eingerollte Triebe: April–Mai*
- *Wurzeln: Sept.–März*

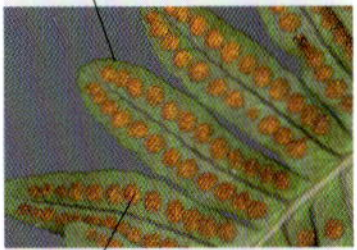

STRÄUCHER UND BÄUME

Schwarze Krähenbeere

Empetrum nigrum (Krähenbeerengewächse)

H 15–45 cm April–Mai Halbstrauch

Vorkommen *Nord- und Mitteleuropa. Sandheiden, Moorheiden, Hochmoorränder.*

Sammelzeit
- *Blätter: April–Mai*
- *Früchte: nach dem ersten Frost*

Ihren Namen verdankt die Pflanze der Verbreitung durch Krähen. Die Früche schmecken säuerlich bitter, die Blätter würzig. Die Früchte werden nach dem ersten Frost zu Saft, Marmelade, Kuchen o. Ä. verarbeitet. Junge Triebe und Blätter eignen sich als Tee oder in Gemüsegerichten. Die Inhaltsstoffe können unterschiedlich ausfallen. Daher ist Vorsicht geboten, denn Blätter und Triebe können magenreizend wirken.

Gewöhnliche Moosbeere

Vaccinium oxycoccus (Heidekrautgewächse)

H 1–5 cm Juni–Juli Halbstrauch

Vorkommen *Europa, Nordrussland. Bevorzugt Moorböden.*

Sammelzeit
- *Blätter: April–Mai*
- *Früchte: nach dem ersten Frost*

In Russland wird die Moosbeere oft als »nördliche Zitrone« bezeichnet. Die rötlichen Beeren haben einen bitteren bis säuerlichen Geschmack und werden nach dem ersten Frost als Kompott und Marmelade zubereitet. Sie eignen sich als Beilage zu Wildgerichten und zum Ansetzen von Likör. Die Blätter können im Frühjahr für die Zubereitung von Tees genutzt werden.

Gewöhnliche Rauschbeere

Vaccinium uliginosum subsp. *uliginosum* (Heidekrautgewächse)
H 30–100 cm Mai–Juni Halbstrauch

Vorsicht! Es gibt Pflanzen, die mit einem Pilz befallen sind und bei Verzehr rauschartige Zustände mit Erbrechen auslösen können. Äußerlich lässt sich der Pilz nicht identifizieren. Nicht befallene Früchte können zu Kompott verarbeitet werden. Die Beeren sind außen blau, haben aber hellen Saft und helles Fruchtfleisch. Sie schmecken blaubeerartig bis fad-süßlich.

Vorkommen *Europa. Wald- und Hochmoore. Bevorzugt feuchten, torfhaltigen Boden.*

Sammelzeit
> *Früchte: Aug.–Nov.*

Preiselbeere

Vaccinium vitis-idaea (Heidekrautgewächse)
H 5–15 cm Mai–Juni Halbstrauch

Die Früchte zeichnen sich roh verzehrt dank des hohen Gehalts an Fruchtsäure durch einen fruchtig herb-sauren Geschmack aus. Am bekanntesten ist wohl ihr Genuss in Form von Kompott zu Wildgerichten. Sie können auch zu Kuchen, Marmelade oder Saft verarbeitet werden und eignen sich getrocknet für Teegetränke. Die Blätter werden im Frühjahr als Würze oder Tee genutzt.

Vorkommen *Europa. Kiefern- und Fichtenwälder, Moore. Bevorzugt sauren Boden.*

Sammelzeit
> *Blätter: April–Mai*
> *Früchte: Juli–Sept.*

Heidelbeere

Vaccinium myrtillus (Heidekrautgewächse)

H 15–50 cm April–Aug. Strauch

Vorkommen *Nord- und Mitteleuropa. Gebirge, Wälder, moorige Heiden.*

Sammelzeit
- *Blätter: April–Mai*
- *Früchte: Juli–Sept.*

Die säuerlich süßen, schmackhaften Beeren – auch Blaubeeren genannt – sind in der Küche vielseitig einsetzbar. Sie eignen sich zur Zubereitung von Saft, Mus, Marmelade, Kuchen, Sirup oder als Trockenfrüchte für den Vorrat. Aus den Blättern und Beeren kann man auch einen Tee zubereiten. Frische Heidelbeeren wirken eher abführend, getrocknete lindern Durchfälle.

Echte Bärentraube

Arctostaphylos uva-ursi (Heidekrautgewächse)

H 20–50 cm März–Mai Halbstrauch

Vorkommen *Mitteleuropa. Nadelwälder, Heiden. Bevorzugt sauren Boden.*

Sammelzeit
- *Blätter: ganzjährig*
- *Früchte: Aug.–Okt.*

Giftiger Doppelgänger
Kahle Rosmarinheide (Andromeda polifolia, S. 228)

Die Steinfrüchte der Bärentraube können roh oder gegart gegessen werden. Roh schmecken sie eher fade sowie trocken und mehlig, gekocht sollen sie süßer schmecken. Sie können zu Sirup oder Marmelade verarbeitet werden. Getrocknet eignen sie sich für die Lagerung. Der Teezubereitung aus den Blättern wird eine entzündungshemmende Wirkung bei Blasenentzündungen nachgesagt.

Kratzbeere

Rubus caesius (Rosengewächse)
H bis 60 cm Juni–Aug. Strauch

Das wohl bekannteste Produkt, das aus dieser Beere hergestellt wird, ist der Kratzbeerlikör. Er besticht durch eine rubinrote Farbe und einen fruchtig herben Geschmack. Ansonsten gilt das Obst als weniger aromatisch und herber als seine Verwandte, die Brombeere. Dennoch lassen sich die Beeren genauso wie Brombeeren verwenden.

Vorkommen *Europa, Nordasien. Waldränder, steinige Laubwälder.*

Sammelzeit
Früchte: Aug.–Sept.

Steinbeere

Rubus saxatilis (Rosengewächse)
H bis 25 cm Mai–Juni Strauch

Die recht seltene Steinbeere ähnelt geschmacklich Johannisbeeren und kann ebenso verwendet werden. Sie ist jedoch recht wässrig und etwas saurer. Die Beeren haben einen großen Samen und wenig Fruchtfleisch. Daher ist die Ausbeute sehr gering. Es gibt wenige Belege über traditionelle Verwendungen. In der russischen Küche wird sie jedoch für Tortengelee genutzt.

Vorkommen *Europa. Laubwälder, Heidewälder. Kühlere, gemäßigte Gebiete.*

Sammelzeit
Früchte: Juli–Aug.

Gewöhnlicher Bocksdorn

Lycium barbarum (Nachtschattengewächse)
H bis 3 m Juni–Sept. Strauch

***Vorkommen** Europa, China. Eichenmischwälder. Sehr winterhart, bis -25°C.*

Sammelzeit
> *Früchte: Aug.–Sept.*

Der Bocksdorn wird auch Teufelszwirn, Hexenzwirn oder Wolfsbeere genannt. Die als Goji-Beeren bekannten Früchte schmecken säuerlich bis süß und erfreuen sich zunehmender Beliebtheit. Getrocknet werden sie für Müsli, Joghurt oder Smoothies verwendet. Sie können aber auch gekocht zu Saft verarbeitet oder roh gegessen werden. Die Blätter von Jungpflanzen haben einen kresse- oder pfefferminzartigen Geschmack. Man nutzt sie als Blattgemüse.

Wilde Stachelbeere

Ribes uva-crispa var. *uva-crispa* (Stachelbeergewächse)
H bis 1 m April–Mai Strauch

***Vorkommen** Eurasien. Gebüsche und Wälder.*

Sammelzeit
> *Früchte: Juli–Aug.*

Die Früchte der Wilden Stachelbeere sind deutlich kleiner als die der Zuchtformen. Man kann sie roh naschen oder einwecken. Die erfrischend süßsauer schmeckenden Beeren lassen sich aber auch zu Marmelade, Wein oder Kompott und als Kuchenbelag verarbeiten. Vollreif geben Früchte auf Druck leicht nach und haben den höchsten Zuckergehalt. Zum Einkochen von Chutneys kann man auch unreife Früchte verwenden.

Wilde Rote Johannisbeere

Ribes rubrum var. *rubrum* (Stachelbeergewächse)

H bis 2 m April–Juni Strauch

Vorkommen *Mitteleuropa. Bevorzugt nassen, tonigen Boden.*

Sammelzeit
Früchte: Juli–Aug.

Die Rote Johannisbeere zählt zu den säurereichsten heimischen Früchten. Sie kann auch zum Reinigen – ähnlich wie Zitronen – verwendet werden. Die saftigen, säuerlich schmeckenden Früchte isst man roh oder nutzt sie für allseits bekannte und beliebte Zubereitungen. Sie eignen sich für Obsttorten oder im Kuchen. Auch Saft, Marmelade, Rote Grütze, Chutney oder Kompott kann man aus ihnen herstellen. Blätter und Beeren werden für die Teezubereitung getrocknet.

Alpen-Johannisbeere

Ribes alpinum (Stachelbeergewächse)
H bis 2 m April–Mai Strauch

***Vorkommen** Europa. Frische, kalkhaltige, nährstoffreiche Böden.*

Sammelzeit
> *Blätter und Triebe: im Frühjahr*
> *Früchte: Juli–Aug.*

Diese Johannisbeere wächst nicht nur im Gebirge, sondern auch an Straßenrändern und in Industriegebieten, da sie Abgase gut verträgt. Im Vergleich mit anderen Arten schmecken die Früchte eher mild bis fade und sind wenig säuerlich. Dennoch können sie ähnlich zubereitet werden, zu Limonade, als Saft, Marmelade oder Kompott. Junge Blätter und Blüten eignen sich für Salat oder Suppen. Ihr Geschmack erinnert an Champignons.

Wilde Felsen-Johannisbeere

Ribes petraeum var. *petraeum* (Stachelbeergewächse)
H bis 2,5 m April–Mai Strauch

***Vorkommen** Europa. Hochstaudenflure und Gebüsche. Halbschatten.*

Sammelzeit
> *Früchte: Juli–Aug.*

Die sehr sauer schmeckenden Früchte der Felsen-Johannisbeere können – ähnlich wie die mit ihr verwandter Arten – roh gegessen oder zu Speisen oder Getränken zubereitet werden. Getrocknet eignen sich die Beeren als Vorrat zur Teezubereitung.

Gewöhnliche Berberitze

Berberis vulgaris (Berberitzengewächse)
H bis 3 m April–Mai Strauch

Die Berberitze wird auch Sauerdorn oder Essigbeere genannt. Dies lässt Rückschlüsse auf ihren Geschmack zu. Mit Ausnahme der reifen Früchte gilt die Pflanze als giftig. Die Beeren schmecken zitronenartig sauer. Man verarbeitet sie zu Marmelade, Mus, Kompott oder Saft. In orientalischen Ländern verwendet man die Früchte zum Würzen von Reis.

Vorkommen *Europa und Asien. Waldränder, Hecken, Gebüsche.*

Sammelzeit
> *Früchte: Aug.–Sept.*

Blätter 2–6 cm lang, Rand stachelig gezähnt

gelbe Blüten in hängenden Trauben

scharlachrote Früchte, elliptisch, ca. 1 cm lang

Zweige mit 3-teiligen Dornen

Gewöhnliche Mahonie

Mahonia aquifolium (Berberitzengewächse)
H bis 1,5 m April–Mai Strauch

Die burgunderblauen sauren, aromatischen Beeren lassen sich zu Konfitüre, Gelee oder Wein verarbeiten. Hierfür werden sie gekocht und durch ein Sieb gestrichen. Aufgrund des sauren Geschmacks bietet sich die Kombination mit anderen Fruchtarten an. Die Beeren schmecken auch Vögeln als Winterfutter. Diese tragen mit ihrer Verdauung zur Verwilderung der Mahonie in Europa bei.

Vorkommen *Nordamerika, Europa. In Parks oder Gärten.*

Sammelzeit
> *Früchte: Aug.–Sept.*

Giftiger Doppelgänger
Gewöhnliche Stechpalme (Ilex aquifolium, S. 224)

Blattrand stark gewellt, mit Stachelzähnen besetzt

purpurschwarze, bläulich bereifte Beeren, erbsengroß, kugelig

aufrechte, traubige Blütenstände

Blätter lederhart, oberseits glänzend dunkelgrün, unterseitig heller

Brombeere

Rubus fruticosus agg. syn. *Rubus* sect. *Rubus* (Rosengewächse)
H bis 4 m Mai–Juli Strauch

***Vorkommen** Europa, Nordasien. Waldränder, Gebüsche, Hecken.*

Sammelzeit
> *Blätter: April–Sept.*
> *Blüten: Juni–Juli*
> *Früchte: Aug.–Sept.*

Blüten, Blätter und Beeren ergeben frisch oder getrocknet einen wohlschmeckenden Tee. Fermentierte Blätter können als Schwarzteeersatz genutzt werden. Die reifen Früchte sind süß und schmecken aromatisch fruchtig. Sie lassen sich auf vielerlei Arten zubereiten und können auch roh genascht werden. Die frischen Beeren geben Smoothies eine wunderschön blaue Färbung. Als Vorrat für den Winter schmeckt aus den Beeren hergestellte Marmelade oder Saft mit Zimt oder Lebkuchengewürz. Und nicht zuletzt passt ein Chutney aus Brombeeren gut zu herzhaften Speisen.

Himbeere

Rubus idaeus (Rosengewächse)

H bis 2 m Mai–Aug. Strauch

Im Frühjahr kann man die jungen Bodentriebe geschält zu einem Pfannengemüse zubereiten oder als rohen Snack nutzen. Sie schmecken kokosartig. Die Blätter haben eine apfelartige Note. Aus ihnen sowie den Blüten – frisch, getrocknet oder fermentiert – bereitet man Tee zu. Die süßen Beeren werden zu Saft, Marmelade, Kuchen, Likör oder ähnlichen Leckereien verarbeitet. Kombinationen mit Wildkräutern oder Gewürzen in Marmelade oder Smoothies lassen auch bei diesen altbekannten Beeren neue Geschmackserlebnisse zu. Experimentieren erlaubt!

Vorkommen *Europa, Asien. Weg-, Feld- und Waldränder.*

Sammelzeit

> *Triebe: März–April*

> *Blätter: April–Sept.*

> *Blüten: Mai–Juni*

> *Früchte: Juli–Sept.*

Hunds-Rose

Rosa canina (Rosengewächse)

H bis 3 m   Juni–Aug.   Strauch

Vorkommen *Europa, Zentralasien. Hecken, Wald- und Wegränder, Ödlandflächen.*

Sammelzeit
- > *Blüten: Juni*
- > *Früchte: Okt.–Nov.*

Diese Rose ist die häufigste wilde Art in Europa. Ihre süß-säuerlichen Früchte, die Hagebutten, enthalten viel Vitamin C. Sie können zu Likör oder Wein angesetzt werden. Aus getrockneten Schalen oder Blüten wird Tee zubereitet. Die Samen dienen geröstet als Kaffeeersatz. Wenn man sie länger köcheln lässt, haben sie einen vanilleartigen Duft. Die Blüten mit ihrem feinen Rosenaroma bieten eine essbare Dekoration, können zu aromatischem Salz oder Zucker verrieben werden, aromatisieren Essig und eignen sich zur Herstellung von Gelee. Unmittelbar nach dem Erblühen duften sie am intensivsten.

Gewöhnliche Alpen-Hecken-Rose

Rosa pendulina var. *pendulina* (Rosengewächse)

H bis 2 m   Juni–Juli   Strauch

Die Blüten, Früchte, Samen und Blätter sind wie bei der Hunds-Rose zu verwenden. Auch im Geschmack gleicht sie der Hunds-Rose.

Vorkommen *Mittel- und Südeuropa. Gebirge. Gebüsche in sonniger Lage.*

Sammelzeit
> *Blüten: Juni–Juli*
> *Früchte: Okt.–Nov.*

Bibernell-Rose

Rosa spinosissima syn. *Rosa pimpinellifolia* (Rosengewächse)

H bis 1,8 m   Mai–Juni   Strauch

Die Blüten, Früchte, Samen und Blätter sind wie bei der Hunds-Rose zu verwenden. Auch im Geschmack ist sie ihr sehr ähnlich.

Vorkommen *Eurasien. Gebüsche oder Waldränder, an der Küste.*

Sammelzeit
> *Blüten: Juni*
> *Früchte: Okt.–Nov.*

Kartoffel-Rose

Rosa rugosa (Rosengewächse)

H bis 1,5 m Mai–Sept. Strauch

***Vorkommen** Ostasien, Europa. Angepflanzt und verwildert. Hecken, Straßenböschungen, auf Dünen.*

Sammelzeit

- *Blüten: Juni*
- *Früchte: Okt.–Nov.*

Die Kartoffel-Rose trägt deutlich größere Früchte und damit mehr Fruchtfleisch als die Hunds-Rose. Deshalb ist sie deutlich ertragreicher. Die Zubereitung und Verwendung der unterschiedlichen Pflanzenteile ist jedoch gleich. Auch im Geschmack gleicht sie der Hunds-Rose.

Kornelkirsche

Cornus mas (Hartriegelgewächse)

H bis 8 m März–April Strauch

***Vorkommen** Europa. Laubmischwälder, Waldränder, Parkanlagen.*

Sammelzeit

- *Blüten und Blätter: März–April*
- *Früchte: Juli–Okt.*

Die süß-säuerlichen Kirschen können roh gegessen werden und eignen sich zur Herstellung von Marmelade, Saft oder Gelee. Dafür erntet man die sehr reifen, dunkel- bis schwarzroten Früchte durch Schütteln vom Strauch. Aus entkernten Früchten sowie den Blüten oder Blättern bereitet man einen fruchtig schmeckenden Tee zu. Unreife Früchte können in Essig oder Öl eingelegt werden. Die gerösteten Samen haben als Kaffeeersatz einen vanilleartigen Geschmack.

Blutroter Hartriegel

Cornus sanguinea subsp. *sanguinea* (Hartriegelgewächse)

H bis 5 m Mai–Juni Strauch

Roh gelten die Früchte als ungenießbar, sie sollten deshalb nur gekocht verwendet werden. Man kann aus ihnen Marmelade, Chutney, Würzpasten, Bitterspirituosen und Fruchtsaft herstellen. Die schwarzen, bitter schmeckenden Früchte haben ein gelbliches Fruchtfleisch und einen großen Kern. Die Samen können als Kaffeeersatz geröstet und gemahlen werden.

Vorkommen *Europa. Laub- und Auenwälder, Hecken, Waldränder.*

Sammelzeit
Früchte: Juli–Okt.

blauschwarz mit weißen Punkten, 8 mm dick

3- bis 5-bogige Nerven

weiß, 5 cm Durchmesser, endständig

sommergrüne Blätter, gegenständig, ca. 8 cm lang

Küsten-Sanddorn

Hippophae rhamnoides subsp. *rhamnoides* (Ölweidengewächse)

H bis 5 m März–Mai Strauch

Vorkommen *Europa. Küsten, Straßenränder. Salzreiche Böden.*

Sammelzeit

> *Früchte: Aug.–Dez.*

Sanddornbeeren sind für ihren Vitamin-C-Gehalt bekannt. Aus den sehr sauren, saftig bis breiigen Früchten kann man Saft, Sorbet, Marmelade oder Likör herstellen. Die Früchte sind nicht einfach zu ernten, da sie von kräftigen Dornen verteidigt werden. Am besten nimmt man Handschuhe und einen kleinen Rechen zu Hilfe. Die dicken Samenkerne der Früchte werden für die Zubereitung durch ein Sieb passiert. Die erst getrockneten und dann entkernten Beeren eignen sich als Vorrat für Müsli oder Tee.

männliche Blüte hat nur 2 Kelchblätter

Weitere Merkmale

kleine bräunliche Blüten mit 4 Staubblättern und 2 Kelchblättern; blüht vor dem Laubaustrieb, zahlreiche Dornen

Weinrebe

Vitis vinifera (Weinrebengewächse)

H bis 10 m Juni–Juli Strauch

Die zarten Blätter der Weinrebe können im Frühjahr frisch oder später getrocknet als Gewürz verwendet werden. Aus den jungen Ranken lassen sich Gemüsegerichte zubereiten. Die essbaren Blüten dienen als Dekoration. Die vielfältige Verwendung der Früchte dürfte bekannt sein. Sie lassen sich frisch verspeisen oder zu Saft bzw. Wein verarbeiten. Blüten und Blätter schmecken säuerlich, erfrischend, die Früchte saftig süß.

***Vorkommen** Europa. Warme Standorte mit nährstoffreichem Boden.*

Sammelzeit

> *Blätter: März–Mai*
> *Blüten: Juni–Juli*
> *Früchte: Sept.*

Schlehe

Prunus spinosa (Rosengewächse)

H bis 3 m April–Mai Strauch

Vor dem Frost geerntete Beeren lässt man einige Wochen in Salz ziehen, um sie dann in Öl einzulegen. So verarbeitet erinnern sie entfernt an Oliven. Nach dem ersten Frost lässt sich aus den sauer-herben Beeren Schlehenlikör, Mus oder Marmelade zubereiten. Blüten und Blätter schmecken sauer-mandelartig. Aus den Blüten lässt sich ein leckerer Sirup bereiten. Die Blätter dienen frisch oder getrocknet als Gewürz.

***Vorkommen** Europa, Asien. Waldränder, sonnige Hecken.*

Sammelzeit

> *Blüten: April–Mai*
> *Blätter: Mai*
> *Früchte: ab Sept.*

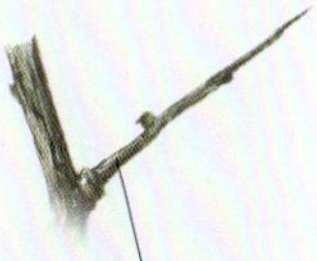

Eingriffliger Weißdorn

Crataegus monogyna (Rosengewächse)

H bis 10 m   Mai–Juni   Strauch

***Vorkommen** Europa. Hecken, Wälder, Gebüsche, an Felsen.*

Sammelzeit

- *Blüten: Mai–Juni*
- *Blätter: Mai–Sept.*
- *Früchte: Aug.–Sept.*

Der Weißdorn soll vor bösen Geistern und Verhexung schützen. Babywiegen aus seinem Holz sollen Kinder besonders behüten. Der Strauch gilt als Wohnung von Elfen. In die Zweige gebundene Stofffetzen und Haare sollen eben diese Elfen wohlwollend stimmen. Junge Triebe und Blätter schmecken nussartig, die Früchte mehlig. Die Verwendung entspricht der des Zweigriffligen Weißdorns.

Zweigriffliger Weißdorn

Crataegus laevigata (Rosengewächse)

H bis 10 m   Mai–Juni   Strauch

***Vorkommen** Europa. Laubwälder, Gebüsche und Hecken. Kalkböden.*

Sammelzeit

- *Blüten: Mai–Juni*
- *Blätter: Mai–Sept.*
- *Früchte: Aug.–Sept.*

Aufgrund ihres mehligen Geschmacks werden die Früchte des Weißdorns auch Mehlfässchen genannt. Sie eignen sich gut zur Zubereitung von Mus und in Kombination mit anderen Früchten für Kompott, Marmelade oder Likör und Wein. Die jungen, nussartig schmeckenden Triebe und Blätter können im Salat gegessen oder zu Kräuterlikör verarbeitet werden. Die Blüten dienen als Dekoration und zur Verwendung in Dessertgerichten. Aus den unterschiedlichen Pflanzenteilen kann man auch Tee zubereiten.

Echte Mispel

Mespilus germanica (Rosengewächse)

H bis 6 m Mai–Juni Strauch/Baum

Vorkommen *Europa. Bevorzugt nährstoffreiche, kalkreiche und tiefgründige Lehmböden.*

Sammelzeit

> *Früchte: Okt., nach dem ersten Frost*

Die Mispel ist eine alte, heutzutage in Vergessenheit geratene Wildfrucht. Sie eignet sich zur Herstellung von Saft und Likör. Die Früchte schmecken aprikosenartig, aber nicht so süß. Aus ihnen zubereitetes Mus kann pikant zu Chutney oder gesüßt zu Marmelade oder Kompott weiterverarbeitet werden. Aufgrund ihres hohen Pektingehalts eignet sie sich auch zum Eindicken von Mischzubereitungen.

Birnen-Quitte

Cydonia oblonga var. *oblonga* (Rosengewächse)
H bis 6 m   Mai–Juni   Strauch/Baum

Vorkommen *Europa, Westasien. Sonnige Standorte, feuchter, sandig-lehmiger Boden.*

Sammelzeit
> *Früchte: Sept.*

Die Früchte erntet man am besten in knapp reifem Zustand. Sie tragen einen Flaum oder Pelz, den man mithilfe eines Tuchs oder einer Bürste entfernt. Roh sind die Früchte hart und schmecken bitter, verarbeitet sind sie saftig und nur noch leicht bitter. Neben den üblichen Zubereitungen als Marmelade, Mus, Kompott, Likör oder Wein ist das sogenannte Quittenbrot als traditionelle Wintersüßigkeit bekannt. Hierfür wird eingedicktes Mus ausgestrichen, gedörrt und so haltbar gemacht. Die Früchte gelten als Symbol für Liebe und Fruchtbarkeit und waren der Aphrodite geweiht.

Die Kerne enthalten Blausäure und müssen daher entfernt werden.

Wild-Apfel

Malus sylvestris (Rosengewächse)
H bis 10 m Mai Strauch/Baum

Der Wild-Apfel, auch Holzapfel genannt, ist schwer von verwilderten Kulturäpfeln zu unterscheiden. Die Früchte sind nur tischtennisballgroß und schrumpelig, lassen sich aber ähnlich nutzen. Im Geschmack sind sie herb-sauer bis bitter und holzig, daher werden sie eher gedörrt oder gekocht genutzt. Man kann sie auch als Eindickungsmittel für Marmeladen verwenden.

Vorkommen *Europa, Vorderasien. Laubwälder, Gebüsche. Nährstoff- und basenreicher Boden.*

Sammelzeit
> *Früchte: Sept.*

Wild-Birne

Pyrus pyraster (Rosengewächse)
H bis 20 m April–Mai Strauch/Baum

Die Früchte der Wild-Birne sind klein, hart und schmecken sehr herb und sauer. Sie können aber für Obstwein oder gekocht als Marmelade, Mus und gebacken in Kuchen verwendet werden. Roh gelten Birnen als schwer verdaulich und sollten erst nach dem ersten Frost genutzt werden. Die auch Holzbirne genannt Art ist nur schwer von verwilderten Kulturbirnen zu unterscheiden.

Vorkommen
Europa. Licht- und wärmeliebend, Wälder, Felsgebüsche.

Sammelzeit
> *Früchte: Sept.–Okt., erst nach dem ersten Frost roh genießbar*

Vogel-Kirsche

Prunus avium (Rosengewächse)

H bis 20 m April–Mai Baum

***Vorkommen** Europa. Sonnige Standorte, mäßig feuchte, sandig bis lehmige Böden.*

Sammelzeit
- > *Blätter: April*
- > *Blüten: April–Mai*
- > *Früchte: Juni–Juli*

Die süßen bis sauren Kirschen können roh gegessen, zu Marmelade, Saft, Likör oder Ähnlichem verarbeitet werden. Weniger bekannt ist die Verwendung der geschroteten und gerösteten Samen als Kaffeeersatz. Die jungen Blätter und Blüten schmecken mandelartig und eignen sich als Tee oder zum Würzen. Blüten, Blätter und Samen enthalten etwas Blausäure und sollten deshalb sparsam verwendet werden.

Sauer-Kirsche

Prunus cerasus (Rosengewächse)

H bis 6 m April–Mai Strauch/Baum

***Vorkommen** Europa. Sonnige Standorte.*

Sammelzeit
- > *Früchte: Juli–Aug.*

Die Sauerkirsche ist, neben der Süßkirsche, die bekannteste und meistgenutzte Art unter den Kirschen. Sie ist häufig kultiviert, aber auch verwildert zu finden. Neben altbekannten Zubereitungen, zum Beispiel als Zutat zur Roten Grütze oder in der Schwarzwälder Kirschtorte, lassen sich zahlreiche kreative Rezepte für die sauren Früchte ersinnen.

Felsen-Kirsche

Prunus mahaleb (Rosengewächse)

H bis 10 m April–Mai Strauch/Baum

Vorkommen *Mittel- und Südeuropa. Sonnige Standorte.*

Sammelzeit

> *Blätter: April–Mai*

> *Früchte: Juli–Aug.*

Die Felsenkirsche wird auch Steinweichsel oder Weichselkirsche genannt. Die Früchte schmecken je nach Reife sauer bis erfrischend, Blätter, Blüten und Samen mandelartig. Die frühen Blätter können als Gewürzbeigabe genutzt werden. Die Verwendung der Früchte entspricht im Wesentlichen der anderer Kirscharten. Der Saft der Früchte kann auch zum Färben genutzt werden.

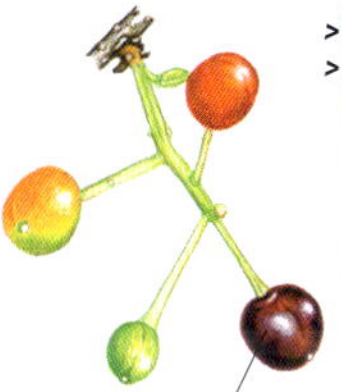

Gewöhnliche Traubenkirsche

Prunus padus subsp. *padus* (Rosengewächse)

H bis 12 m April–Mai Strauch/Baum

Vorkommen *Europa. Nasse Böden.*

Sammelzeit

> *Blätter: April–Mai*

> *Früchte: Juli–Sept.*

Das Fruchtfleisch der Traubenkirsche kann wie bei anderen Kirschen verwendet werden. Man sollte die Früchte unbedingt entsteinen, da die Samen giftige Blausäure enthalten. Roh schmecken die Früchte bitter und zusammenziehend, Blüten und Blätter mandelartig. Blüten und junge Blätter können zu Tee aufgebrüht und die Blüten kandiert oder als aromatische Zutat genutzt werden. Die Rinde färbt Wolle oder Stoffe orange bis dunkelbraun.

Die Späte Traubenkirsche (Prunus serotina) ist ähnlich zu verwenden.

Gewöhnliche Kirschpflaume

Prunus cerasifera subsp. *cerasifera* (Rosengewächse)

H bis 8 m März–April Strauch/Baum

Vorkommen *Europa, Kleinasien, Kaukasus. Auenwälder, Straßenränder, Waldränder.*

Sammelzeit
Früchte: Juli–Aug.

Das Fruchtfleisch löst sich erst durch Kochen vom Kern. Die aromatischen, meist etwas säuerlichen Früchte werden mit wenig Wasser zu einem Mus zerkocht und für die Weiterverarbeitung durch ein Sieb passiert. Man kann daraus eine süßsauer schmeckende Marmelade kochen oder pikante Soßen herstellen. Hierfür kann man sogar noch grüne Früchte verwenden.

Blätter bis 7 cm lang, elliptisch bis eiförmig, unterseitig leicht behaart

Blüte 5-zählig, rosa oder weiß

Früchte gelb bis rot, 3 cm dick und kugelig

Gewöhnliche Pflaume

Prunus domestica subsp. *domestica* (Rosengewächse)

H bis 15 m April–Mai Baum

Vorkommen *Europa (kultiviert, gelegentlich verwildert). Sonnige Standorte.*

Sammelzeit
Früchte: Aug.–Okt.

Ob nun Zwetschge oder Pflaume die richtige Bezeichnung ist, lässt sich beim Obsthändler oder Wildsammeln vielfach diskutieren. Da es durch Züchtung oder Kreuzung bis zu 2000 verschiedene Sorten gibt, sind sie schwer zu unterscheiden. Die Früchte schmecken je nach Sorte und Reifegrad säuerlich bis süß. Ihre Verwendung reicht von der Herstellung von Mus über Kuchen und Trockenobst bis hin zum beliebten Obstbrand.

Blüten weiß oder grünlich weiß

Stiel behaart

eiförmig bis elliptisch, Rand gesägt, unterseits heller und oft behaart

je nach Sorte runde bis längliche Steinfrucht

Mirabelle

Prunus domestica subsp. *syriaca* (Rosengewächse)
H bis 5 m   April–Mai   Baum

Die Früchte schmecken süß und das Fruchtfleisch löst sich leicht vom Kern. In unseren Breiten wird die Frucht häufig für Süßspeisen genutzt und ist als Mirabellenbrand bekannt. In anderen Regionen werden aus den Früchten auch pikant-scharfe, saure Soßen zubereitet, die man zu Kartoffeln oder Fleisch reicht. Hierfür kocht man die reifen und unreifen Früchte mit Gewürzen wie Koriander, Dill, Knoblauch und Peperoni.

sparriger Baum

Vorkommen
Europa (überwiegend kultiviert). Sonnige Standorte.

Sammelzeit
> *Früchte: Juli–Sept.*

Steinfrucht kugelig, 2–3 cm groß, gelb mit rötlicher Punktierung

Gewöhnliche Mehlbeere

Sorbus aria (Rosengewächse)
H bis 12 m   Mai   Strauch/Baum

Der Name der Mehlbeere lässt sich auf den mild-süßen, mehligen Geschmack zurückführen. Die Früchte schmecken nach dem Frost roh oder zubereitet. Das gekochte und passierte Mus lässt sich für pikante Suppen, Pürees und Soßen, aber auch für süße Marmeladen oder Obstkuchen verwenden. Früher wurden die Mehlbeeren auch getrocknet zum Brotbacken unter den Teig gemischt.

5-zählige, weißfilzige Blüten in großen Trugdolden

Blätter unterseits auffällig weißfilzig, oberseits dunkelgrün

junge Zweige anfangs wollig behaart

Vorkommen *Mittel- und Westeuropa. Bevorzugt sonnige bis halbschattige Standorte.*

Sammelzeit
> *Früchte: Aug.–Nov., nach dem ersten Frost*

Früchte orange bis scharlachrot, eiförmig-kugelig

Gewöhnliche Eberesche

Sorbus aucuparia subsp. *aucuparia* (Rosengewächse)

H bis 15 m Mai–Juni Strauch/Baum

Vorkommen *Europa, fehlt im Mittelmeerraum. In Laub- und Nadelwäldern, an Waldrändern.*

Sammelzeit

- *Blüten und Blätter: Mai*
- *Früchte: Okt., nach dem ersten Frost*

glatte Rinde mit quergestellten Korkwarzen

Blüten und Blätter schmecken mandelartig und können im Frühjahr als Tee oder als Gewürz verwendet werden. Die Beeren sind entgegen häufiger Meinung essbar. Sie sind herb-säuerlich bis bitter im Geschmack. Die Samen der Beeren enthalten Parasorbinsäure, die im rohen Zustand in größeren Mengen zu Durchfall oder Erbrechen führen kann. Durch Kochen wird diese jedoch zerstört, sodass aus den Beeren gekochte Säfte, Marmeladen, Chutneys und Mus genossen werden können.

5-zählige, weißgelbliche Blüte, bildet große Trugdolden

Früchte gelb, später orangerot, hängen in dichten Büscheln

gefiedert, 9–19 Einzelblätter, behaart, einfach gesägt

oberseits dunkelgrün, unterseits graugrün

Speierling

Sorbus domestica (Rosengewächse)
H bis 20 m Mai–Juni Baum

Vielleicht leitet sich der Name des Speierlings vom Geschmack der rohen Früchte ab: Sie enthalten viele Gerbstoffe, wirken daher stark zusammenziehend und sind wenig schmackhaft und erst gekocht genießbar. Nach dem Frost werden sie süßer. Aus ihnen lässt sich Kompott und Marmelade zubereiten. Der Baum gilt als einer der ältesten Obstbäume, hat jedoch an Bedeutung stark eingebüßt und ist selten geworden.

***Vorkommen** Europa (außer Britische Inseln). Lehmige bis tonhaltige Böden.*

Sammelzeit
> *Früchte: möglichst nach dem ersten Frost*

Elsbeere

Sorbus torminalis (Rosengewächse)
H bis 20 m Mai Baum

Die Früchte können, wenn sie reif und weich sind, roh gegessen oder zum Naschen getrocknet werden. Sie schmecken herb und haben ein birnenartiges Aroma. Man kann sie auch zum Schnapsbrennen verwenden. Die Zubereitung und Verwendung entspricht der anderer *Sorbus*-Arten. Der Saft der Elsbeere klärt Apfel- und Birnenmost und macht ihn feiner im Geschmack. Früchte sollten entkernt verwendet werden.

***Vorkommen** Europa. Vor allem in warmen Gebieten.*

Sammelzeit
> *Früchte: Sept.–Okt., nach dem ersten Frost*

Gewöhnliche Felsenbirne

Amelanchier ovalis (Rosengewächse)

H bis 3 m April–Mai Strauch

Vorkommen *Europa. Felsen und Felsspalten, Eichen- und Kiefernwälder.*

Sammelzeit
> *Früchte: Herbst*

Aus den süß und frisch schmeckenden Früchten der Felsenbirne kann man eine feine Fruchtsoße kochen und zum Beispiel zu Eis servieren. Die Fruchtkerne enthalten etwas Blausäure. Unzerkaut sind sie unbedenklich, sollten aber bei Zubereitungen entfernt werden. Das Obst eignet sich dann auch für Kompott, Marmelade, Fruchtschnitten, Obstkuchen oder Sirup.

Roter Holunder

Sambucus racemosa subsp. *racemosa* (Geißblattgewächse)

H bis 3 m April–Mai Strauch

Vorkommen *Europa. Waldlichtungsgebüsche, stickstoffreiche Standorte.*

Sammelzeit
> *Früchte: Aug.–Sept.*

Der Rote Holunder wird auch Traubenholunder genannt. Von ihm sollten nur reife, karminrote Früchte verwendet werden. Diese müssen unbedingt gekocht werden, da sie roh unbekömmlich sind. Auch das beim Kochen gebildete Öl sollte man abschöpfen. Es kann zu Erbrechen führen. Die gekochten Beeren schmecken mild-aromatisch. Man kann sie zu Saft, Gelee oder Fruchtsoße weiterverarbeiten.

Schwarzer Holunder

Sambucus nigra (Geißblattgewächse)

H bis 7 m Juni–Juli Strauch/Baum

Weiße Blüten, schwarze Beeren, rote Triebe – lange wurde der Holunder mit Frau Holle assoziiert. Die Knospen lassen sich zu »falschen« Kapern in Salzlake einlegen. Die süß schmeckenden Blüten geben in Pfannkuchen und anderen Teigen gebacken ein feines Aroma. Beliebt sind sie auch als Blütensirup, zum Aromatisieren von Marmelade oder als Likör. Die Beeren schmecken aromatisch-fruchtig. Roh sind sie giftig und können zu Erbrechen und Durchfall führen. Gekocht eignen sie sich als Saft, Sirup, Gelee oder herzhaft im Chutney.

Vorkommen *Europa. Feuchte Wälder, Waldränder, stickstoffreiche Standorte.*

Sammelzeit

- *Blütenknospen: April–Mai*
- *Blüten: Mai–Juni*
- *Früchte: Aug.–Sept.*

Giftiger Doppelgänger
Zwerg-Holunder (Sambucus ebulus, *S. 212**)*

Winter-Linde

Tilia cordata (Lindengewächse)

H bis 25 m Juni–Aug. Baum

***Vorkommen** Europa. Laubmischwälder, bevorzugt sommerwarme Standorte.*

Sammelzeit
- > *Knospen: bereits im Winter*
- > *Blätter: Frühjahr bis Sommer*
- > *Blüten: Juli–Aug.*

Die jungen Blätter der Winter-Linde bieten eine eiweißreiche Grundlage für Salate und Rohkost. Sie lassen sich auch in Bratlingen oder anderen Teigen backen oder in Pürees, Omelette und Gemüsegerichten verwenden. Die Knospen schmecken im Salat und bieten ebenfalls eine gute Eiweißquelle. Die Blüten dienen als Bindemittel für Soßen oder Suppen, bieten ein herrliches Aroma für Süßspeisen, in Schokolade oder als Sirup und einen wohlschmeckenden Tee. Alle Pflanzenteile schmecken mild-aromatisch.

Sommer-Linde

Tilia platyphyllos (Lindengewächse)

H bis 30 m Juni Baum

Alle Pflanzenteile schmecken wie die der Winter-Linde und lassen sich wie bei dieser verwenden und zubereiten. Bei den Römern hieß die Linde bereits Tilia, was sich vom griechischen Wort tilos für »Faser« ableitet. Der Bast der Rinde ist bestens geeignet zur Herstellung von Schnüren, Säcken oder sogar Kleidung.

Vorkommen *Europa. Wälder, Geröllagen.*

Sammelzeit

- *Knospen: bereits im Winter*
- *Blätter: Frühjahr bis Sommer*
- *Blüten: Juli*

Berg-Ulme

Ulmus glabra (Ulmengewächse)

H bis 30 m März–April Baum

Von der Berg-Ulme lassen sich die Blätter und Früchte in der Küche nutzen. Man verwendet die jungen Blätter im Frühjahr. Sie eignen sich zum Salat, als Rohkost oder als Gewürz für Brot, Pürees oder Omelette. Man kann sie auch zu Sauerkraut vergären. Die Früchte schmecken haselnussartig und werden roh oder geröstet genutzt.

Vorkommen *Europa. Wälder, Hecken, Ufer, Straßenränder.*

Sammelzeit

- *Blätter: März–April*
- *Früchte: März–April*

Spitz-Ahorn

Acer platanoides (Seifenbaumgewächse)

H bis 25 m April–Mai Baum

Vorkommen *Europa. In sonnigen Wäldern, Parks, Gärten und an Straßenrändern.*

Sammelzeit

- *Blätter: April*
- *Blüten: April*
- *Samen: Sept.*

Die unterschiedlichen Ahornarten sind vergleichbar zu verwenden. Der Spitz-Ahorn gilt als besonders mild. Die Blätter und Blüten schmecken säuerlich bis süß, die bissfesten Flügelfrüchte herb und die Samen bitter. Die Blüten und jungen Blätter können als Teigbeigabe genutzt werden, in Wein oder als Sauerkraut eingelegt, zu gedünstetem Gemüse zubereitet oder als Kräuter getrocknet werden. Große Blätter dienen als Rouladenmantel. Junge, weiche Flügelfrüchte werden zu Kräutermischungen getrocknet oder eingelegt. Aus den geschälten Samen lassen sich Gewürzspirituosen herstellen.

Gewöhnliche Rosskastanie

Aesculus hippocastanum (Seifenbaumgewächse)
H bis 30 m Mai Baum

Die unverarbeiteten Früchte schmecken eher fade und sind nicht bekömmlich, aber es lässt sich ein Nussmus aus ihnen herstellen. Man schält die Früchte und püriert sie mit Wasser. Das so erhaltene Mus wird wiederholt gekocht und durch ein Tuch gestrichen. Für Kastanienmehl legt man die Früchte über Nacht in Milchwasser ein, kocht sie in frischem Wasser auf, röstet sie und mahlt sie anschließend.

Vorkommen *Balkan, eingebürgert in Mitteleuropa. Wälder, Parkanlagen, Wegränder.*

Sammelzeit
Früchte: Sept.–Okt.

Edel-Kastanie

Castanea sativa (Buchengewächse)
H bis 30 m Juni Baum

Wer kennt sie nicht, die gerösteten Maronen vom Weihnachtsmarkt! Doch die stärkereichen, nussig schmeckenden Früchte sind noch vielseitiger. Man kann sie zum Herstellen von Mehl rösten, schälen und mahlen. Neben der Verwendung in Gemüsegerichten, püriert in einer leckeren Herbstsuppe oder auch als Nussmus für Süßspeisen lohnt es sich, die Verwendung in einem Chutney auszuprobieren.

Vorkommen *Europa. Laubwälder und Gebüsche. Mäßig trockener Boden.*

Sammelzeit
Früchte: Aug.–Sept.

Rot-Buche

Fagus sylvatica (Buchengewächse)
H bis 40 m April–Mai Baum

Vorkommen *Europa. Laubwälder. Nährstoffreiche Sand- und Lehmböden.*

Sammelzeit
> *Blätter: April*
> *Samen: Sept.*

Die nussartig schmeckenden Früchte der Rot-Buche, die Bucheckern, kann man roh oder mit Salz geröstet als Knabberei naschen und als Kaffeeersatz nutzen. Zur Ölgewinnung werden die Samen geschält, gemahlen und der Brei ausgepresst. Die jungen säuerlichen Blätter schmecken frisch im Salat, als Kräuterbutter und Pesto oder in gedämpftem Gemüse und Suppen. Holzspäne dienen als Essigwürze.

Stiel-Eiche

Quercus robur subsp. *robur* (Buchengewächse)
H bis 35 m Mai Baum

Vorkommen *Europa. Sonnige Standorte, anspruchslos und bodentolerant.*

Sammelzeit
> *Blätter: März–April*
> *Früchte: Sept.*

Eicheln sind roh ungenießbar, sie schmecken bitter bis herbnussig. Auch die Blätter schmecken bitter. Um Eicheln zu nutzen, muss man sie überbrühen, schälen, schroten und mit fließendem Wasser reichlich spülen. Dann kann man sie pürieren, um ein Nussmus herzustellen. Dieses kann zur Weiterverarbeitung genutzt werden, z. B. in herzhaften Soßen, Gebäck, Süßspeisen und Mehl. Junge Blätter können als Gewürzlikör angesetzt werden.

Echte Walnuss

Juglans regia subsp. *regia* (Walnussgewächse)
H bis 25 m Mai Baum

Die nussartig schmeckenden Samen der Walnuss verfeinern Soßen oder dienen als Salatbeigabe. Die getrockneten Nüsse ergeben ausgepresst ein reichhaltiges Öl. Noch grüne Nüsse kann man fein schneiden und einlegen. So liefern sie ein Vitamin-C-reiches Einmachobst. Die grüne Samenschale nutzt man für Bitterlikör, und aus den Blättern wird ein feiner Tee. Sowohl Samenschale als auch Blätter schmecken scharf-bitter.

Vorkommen *Europa, Asien. Laubwälder, sonnige Standorte. Sandig-lehmige Böden.*

Sammelzeit
> *Blätter: April–Aug.*
> *Samenschale: Juli–Aug.*
> *Samen: Sept.*

Schwarzer Maulbeerbaum

Morus nigra (Maulbeergewächse)
H bis 15 m Mai Strauch/Baum

Die Früchte färben sich von weiß über rot nach schwarz. Die dunklen, reifen Früchte schmecken süß-säuerlich und sind fruchtig aromatisch. Sie können roh vom Baum genascht werden, verderben gepflückt jedoch sehr bald und erfordern eine schnelle Verarbeitung. Man kann aus ihnen einen schmackhaften Saft oder auch Gelee herstellen, sie zum Färben von Speisen oder getrocknet im Müsli nutzen.

Vorkommen *Westasien, eingebürgert in Südeuropa. Warme Standorte.*

Sammelzeit
> *Früchte: Sommer*

Zitter-Pappel

Populus tremula (Weidengewächse)
H bis 30 m März–April Strauch/Baum

Vorkommen *Europa. Gebüsche, Hecken, Lichtungen.*

Sammelzeit
- *Blätter: zeitig im Frühjahr*
- *Knospen: März*
- *Blüten: März–April*

Die sehr zarten Blätter können im Frühjahr roh gegessen, gekocht oder milchsauer vergoren werden. Ältere Blätter schmecken streng, eignen sich aber noch zum Trocknen und werden pulverisiert als würzige Beigabe zum Backmehl oder zu anderen Speisen gegeben. Ein Sud aus den vanilleartig schmeckenden Knospen eignet sich als Beigabe zu Spirituosen oder als Aroma in Milch.

Gewöhnliche Esche

Fraxinus excelsior (Ölbaumgewächse)
H bis 40 m April–Mai Baum

Vorkommen *Europa. Feuchte Standorte, Laubmisch- und Schluchtwälder.*

Sammelzeit
- *Blätter: April–Aug.*
- *Früchte: Juni–Aug.*

Alle Pflanzenteile schmecken bitter und streng. Junge Blätter können roh im Salat gegessen werden. Später im Jahr eignen sie sich noch als Tee. Die grünen, noch unreifen Früchte kann man weich kochen. Dabei wechselt man das Wasser mehrfach und verarbeitet sie dann weiter wie Gemüse. Die ausgereiften Früchte werden im August getrocknet und dienen als Gewürz in der Weihnachtsbäckerei.

Gewöhnliche Silber-Weide

Salix alba var. *alba* (Weidengewächse)

H bis 30 m   April–Mai   Baum

Vorkommen *Europa (Skandinavien eingebürgert). Bevorzugt einen sonnigen Standort auf frischen bis nassen sandig-tonigen bis tonigen Böden.*

Sammelzeit
> *Blätter: ab April*

Die Verwendungen der unterschiedlichen Weidenarten ist recht ähnlich. Darum soll hier beispielhaft die weitverbreitete Silber-Weide aufgeführt werden. Die frühen Blätter schmecken nussig-aromatisch. Sie eignen sich roh im Salat. Gekocht schmecken sie bitterer, man kann sie aber, gemischt mit anderen Kräutern, z.B. als Spinatgericht verwenden. Später im Jahr kann man sie noch trocknen und als Gewürztee aufbrühen. Alle Pflanzenteile enthalten Salicin und sollten sparsam verwendet werden.

Hänge-Birke

Betula pendula (Birkengewächse)

H bis 25 m April–Mai Baum

Vorkommen
Europa. Sonnige Standorte, Laub- und Mischwälder.

Sammelzeit
- > *Knospen: Winter*
- > *Blüten: April*
- > *Blätter: Mai*
- > *Früchte: Mai*

Junge Blätter und feine Astspitzen liefern in Wasser gelegt ein frisches, vitalisierendes Getränk mit mildem Aroma. Die Blätter isst man roh im Salat oder in Gemüsegerichten. Alle Pflanzenteile bieten getrocknet eine gute Würze. Die Blütenknospen sind eine gute Beigabe zu Bratlingen oder Suppen. Die Blüten schmecken mehlartig und streng, die Früchte milder. Weiche Früchte kann man kandieren, in Schokolade tauchen oder in Bowle mischen.

Gewöhnliche Hasel

Corylus avellana (Birkengewächse)

H bis 6 m Febr.–April Strauch/Baum

***Vorkommen** Europa. Recht anspruchslos.*

Sammelzeit
- > *Blätter: ab März*
- > *Blüten: ab Febr.*
- > *Nüsse: ab Sept.*

Blätter und Blüten schmecken stumpf-erdig. Die jungen Blätter kann man als Gemüse kochen. Getrocknet bieten sie ein gutes Vorratsgewürz. Sie eignen sich auch, um Spirituosen oder andere Getränke zu aromatisieren, oder liefern, mit Schokolade überzogen, eine herbe Süßigkeit. Die Blütenkätzchen kann man zu Salz verreiben oder mit würzigem Gemüse kombiniert kochen. Die bekannten Nüsse verarbeitet man in Gebäck, geröstet zu allerlei Gerichten oder zu Nussmus. Unreife Nüsse kann man schälen und wie Kapern einlegen.

Gewöhnliche Scheinakazie

Robinia pseudoacacia (Hülsenfrüchtler)

H bis 20 m   Mai–Juni   Baum

Vorkommen *Europa, Nordamerika. Bevorzugt sandigen Boden.*

Sammelzeit

Blüten: Mai–Juni

Die süß-aromatischen Blüten können als Würze in Kuchen, Eis und anderen Speisen verwendet werden und geben einen erfrischend süßen Zusatz zum Tee oder Wein. Man kann sie auch im Teigmantel ausbacken oder kandiert naschen. Die sehr jungen Blütenknospen werden als Kapern eingelegt. Es gibt auch überlieferte Rezepte mit anderen Pflanzenteilen, zum Beispiel Blätter und Früchte in Gemüsegerichten. Diese werden heute jedoch vielfach als giftig angegeben und müssen zum Verzehr unbedingt erhitzt werden.

Gewöhnliche Hainbuche

Carpinus betulus (Birkengewächse)

H bis 25 m   April–Juni   Baum

***Vorkommen** Europa. Hecken, Laubwälder. Frische bis feuchte, lehmige Böden.*

Sammelzeit
> *junge Blätter: April*
> *Samen: Mai*

Junge Blätter schmecken roh noch mild-säuerlich z.B. in Kräuterbutter, im Salat oder als Kräuteröl bzw. -essig aufgesetzt. Erwärmt, u.a. in Rührei, gedämpftem Gemüse oder in Brot gebacken sind sie herber. Spätere, zunehmend bittere Blätter liefern eine sehr würzige Beigabe für Gemüse und Eingelegtes. Junge Samen kann man wie Kapern einlegen.

Grüne Douglasie

Pseudotsuga menziesii Franco var. *menziesii* (Kieferngewächse)

H bis 50 m   April–Mai   Baum

***Vorkommen** Europa. Wald, Parkanlagen, Gärten.*

Sammelzeit
> *Triebe und junge Nadeln: Frühjahr*

Die Grüne Douglasie lässt sich ähnlich wie andere Nadelbäume nutzen. Ihr Aroma ist harzig und orangenartig und liefert so eine wunderbare Würze für Tee oder Spirituosen. Junge Triebe und Nadeln können für Süßspeisen und als Mehlbeimischung genutzt werden. Reifere Nadeln ergeben geröstet und pulverisiert ein intensives, orangenartiges Gewürz.

Gewöhnlicher Heide-Wacholder

Juniperus communi. var. *communis* (Zypressengewächse)
H bis 10 m April–Mai Strauch/Baum

Die Beeren kennt man traditionell als Würze in Brat- und Krautgerichten oder als Wacholderbrand. Sie sind sehr aromatisch und besonders öl- und zuckerhaltig und schmecken süß mit einem bitteren Nachgeschmack. Man kann auch die jungen Triebspitzen blanchiert als Würzbeigabe nutzen. Ausgekochte Triebe werden zu Sirup eingedickt. Die Blätter nutzt man als Tee oder getrocknet und gemahlen als Würzmehl. Aus den passierten Beeren lässt sich ein Würzmus herstellen.

Vorkommen *Europa. Heiden, Felsen, lichte, trockene Wälder.*

Sammelzeit
- > *junge Triebspitzen: März–April*
- > *Blätter: März–Juni*
- > *Beeren: ab Aug.*

Giftiger Doppelgänger
Stink-Wacholder (Juniperus sabina, S. 226)

Wacholderbeeren sollte man nur sparsam verwenden (magen- und nierenreizend) und bei Schwangerschaft und Nierenerkrankungen ganz darauf verzichten.

Gewöhnliche Europäische Lärche

Larix decidua var. *decidua* (Kieferngewächse)

H bis 35 m März–April Baum

***Vorkommen** Europa. Saure Nadelwälder. Humose Böden.*

Sammelzeit
- *Nadeln: ab März*

Die jungen Nadeln und Triebe schmecken harzig und frisch. Sie können als Gewürz, z. B. zu Wild, genutzt werden, geben aber auch Süßspeisen eine besondere Note. Sie sind ebenfalls als Salatbeigabe denkbar. Heiß aufgebrüht lässt sich ein aromatischer Tee bereiten. Getrocknet sind sie gut als Gewürz einsetzbar. Wie bei den meisten Nadelbäumen, lässt sich mit ihnen ein würziger Likör ansetzen.

Gewöhnliche Fichte

Picea abies (Kieferngewächse)

H bis 50 m April–Juni Baum

***Vorkommen** Europa. Saure Nadelwälder. Sandige bis lehmige Böden.*

Sammelzeit
- *junge Triebspitzen: März–April*
- *Nadeln: Mai–Juni*

Am bekanntesten ist die Verarbeitung der jungen frühjährlichen Triebspitzen zu Fichtenspitzensirup. In einem Kräutersalz verrieben, geben sie diesem eine feine zitronenartige Note. Auch als Tee sind sie gut zu verwerten oder erfreuen kalt angesetzt als Limonade. Zusätzlich lassen sie sich auch zu einem säuerlich-harzigen Likör ansetzen.

Schwarz-Kiefer

Pinus nigra subsp. *nigra* (Kieferngewächse)
H bis 30 m   Mai–Juni   Baum

Junge Triebspitzen und Nadeln schmecken aromatisch harzig. Die jungen Triebspitzen kann man zu Sirup kochen oder daraus einen Aufstrich herstellen. Sie lassen sich gut zu Aromazucker, Kräutermischungen oder Kräutersalz verreiben. Sie eignen sich auch als Würze in Soßen, aufgesetzt zu Likör oder als Tee. Alle Pflanzenteile können auch wie bei der Wald-Kiefer beschrieben genutzt werden.

***Vorkommen** Europa. Sonnige Standorte, sandig-lehmiger Boden, Kalk-Kiefernwälder.*

Sammelzeit
> *junge Triebspitzen: März–April*
> *Nadeln: Mai–Juni*

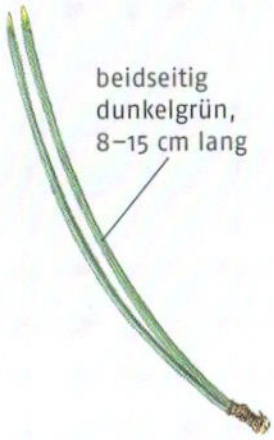

Gewöhnliche Wald-Kiefer

Pinus sylvestris var. *sylvestris* (Kieferngewächse)
H bis 40 m   Mai–Juni   Baum

Alle Pflanzenteile können wie bei der Schwarz-Kiefer beschrieben genutzt werden. Ihr Geschmack ist aromatisch harzig. Aus zarten Nadeln lässt sich eine interessante Baumgewürzschokolade machen. Die Kerne lassen sich durch Erwärmen und Ausklopfen aus den Zapfen lösen, sie können u. a. als nussige Komponente im Pesto verwendet werden. Die Blütenknospen lassen sich zu Sirup einkochen.

***Vorkommen** Europa. Wälder, Schotterflächen, Felsen, Dünen, Moore.*

Sammelzeit
> *junge Triebspitzen: März–April*
> *Nadeln: Mai–Juni*

Giftpflanzen

Eine der giftigsten heimischen Pflanzen: der Seidelbast

Beim Sammeln von Wildpflanzen geht die größte Gefahr von der Verwechslung einer essbaren mit einer giftigen Pflanze aus. Daher ist es wichtig, sich auch mit den Giftpflanzen zu beschäftigen. Dem Sammler sollten die stark bis tödlich giftigen Pflanzen unbedingt bekannt sein. Artenkenntnis verbunden mit der notwendigen Vorsicht schützt vor unliebsamen Überraschungen.

Bei erwachsenen Menschen tritt eine unfreiwillige schwerwiegende bzw. tödliche Vergiftung durch Pflanzen jedoch äußerst selten auf. Die meisten Vergiftungen, die der Öffentlichkeit bekannt werden, sind das Ergebnis einer gezielten Suche von Giftpflanzen – sei es zu suizidalen Zwecken, zur Selbstmedikation oder zur missbräuchlichen Verwendung als Droge. Eine höhere Gefährdung besteht bei Kindern, die sich oft durch lecker aussehende Blüten oder Beeren angezogen fühlen.

In Europa wachsen mehr als 12 500 Pflanzenarten. Davon gelten mindestens 2000 als essbar. Dem gegenüber stehen ca. 250 Giftpflanzen. Die Wirkung reicht dabei von leicht giftig (z. B. eine leichte Übelkeit auslösend) bis tödlich giftig (bereits in kleinsten Mengen).

Wichtig: Sammeln und verwenden Sie nur Pflanzen, die Sie sicher erkennen bzw. bestimmen können.

Was sind Giftpflanzen?

In der Botanik gibt es keine Giftpflanzen. Der Begriff der »Giftpflanze« stammt aus dem allgemeinen Sprachgebrauch. Darunter versteht man eine Pflanze, die Substanzen enthält, die eine schädliche Wirkung auf den menschlichen oder tierischen Organismus entfalten, wenn sie in ausreichender Dosis aufgenommen werden.
Der Begriff der Giftpflanze wird heute jedoch viel enger gefasst als in früheren Zeiten. So werden immer mehr Pflanzen zu den Giftpflanzen gezählt, die ehemals geschätzte Arznei- bzw. Nahrungspflanzen waren. Hintergrund ist das zunehmende Wissen über die enthaltenen Inhaltsstoffe und deren Wirkung. Häufig wird dabei jahrhundertealtes Erfahrungswissen nicht berücksichtigt. So werden nicht nur die traditionell gefährlichen Arten als Giftpflanzen betrachtet, sondern immer mehr auch solche Arten, die giftige Inhaltsstoffe in nur geringen Mengen enthalten. Aufgrund dieser immer weiter fortschreitenden Differenzierung wird die Sichtweise im Alltagsgebrauch immer subjektiver. Pflanzen, die von manchen regelmäßig als Gemüse verzehrt werden, lehnen andere als zu gefährlich ab. Tatsache ist aber, dass im Bereich der Ernährung mit Wildpflanzen viel Wissen verloren gegangen ist, besonders was die Zubereitung bestimmter Arten anbelangt. So kommt es immer wieder zu Vergiftungen, da gefundene »alte« Rezepte ohne das notwendige Hintergrundwissen ausprobiert werden.

Gefährlichkeit: Wie stark giftig ist eine Pflanze?

Die Giftigkeit ist von vielen Faktoren abhängig. Neben Standort, Jahreszeit und Klima beeinflusst vor allem der Reifegrad der Pflanze bzw. der Früchte den Giftgehalt. So können unreife Früchte giftig sein, während dieselben Früchte ausgereift keinerlei Giftwirkung mehr aufweisen.
Auch der verwendete Pflanzenteil spielt eine entscheidende Rolle. So können bestimmte Pflanzenteile völlig ungefährlich sein, während andere Teile eine Vergiftung bewirken.

»Alle Dinge sind Gift, und nichts ist ohne Gift; allein die Dosis machts, dass ein Ding kein Gift sei.«
(Paracelsus, 1538)

Einen weiteren, entscheidenden Faktor stellt die Dosierung dar. Wie bereits Paracelsus geschrieben hat, ist die Wirksamkeit einer giftigen Substanz stark von der Dosierung abhängig. So können kleine Mengen einer Pflanzenart, z. B. des Waldmeisters, problemlos essbar sein, während größere Mengen zu Kopfschmerzen und Übelkeit bis hin zu

Leberschäden führen können. Bei anderen Pflanzenarten, z. B. dem Eisenhut, sind bereits kleinste Mengen tödlich. Außerdem ist zu beachten, dass die Wirkung einer bestimmten Giftdosis auch von der Körpergröße, Statur und Entwicklung eines Lebewesens abhängt. Die giftige Wirkung einer bestimmten Pflanze ist bei kleinen Kindern und Babys anders zu beurteilen als bei Erwachsenen. Außerdem verteilen sich die giftig wirkenden Substanzen auf verschiedene Stoffklassen mit unterschiedlichen Wirkprinzipien. So können manche Gifte, z. B. giftige Eiweißverbindungen bei Bohnen, durch Erhitzen neutralisiert werden, während andere, z. B. Alkaloide wie das Nikotin, weiterhin wirksam bleiben. All diese Faktoren machen eine eindeutige Einordnung der Gefährlichkeit einer Pflanzenart sehr schwierig.

Giftigkeit austesten – besser nicht!

In der Literatur findet man immer wieder die Empfehlung, bei unbekannten Pflanzen nach bestimmten Strategien die Giftigkeit auszutesten. **Von solchen Tests kann nur abgeraten werden.** Die Wirkungsprinzipien der giftigen Stoffe lassen eine zuverlässige Aussage solcher Tests nicht zu. So zeigen manche Giftstoffe bei der Aufnahme (besonders in kleinen Mengen) keine Symptome, weil sich die Giftwirkung erst später im Verdauungstrakt entfaltet. Bei anderen Giften zeigt sich die Wirkung erst, wenn die Verdauung längst abgeschlossen ist (zum Teil erst nach Tagen) und nur noch geringe bis keine Gegenmaßnahmen mehr ergriffen werden können, z. B. bei der Herbst-Zeitlosen. Wieder andere Gifte wirken so effektiv, dass bereits geringste Dosierungen (Hautkontakt bzw. Kontakt im Mund) zu schweren Komplikationen bzw. tödlichen Vergiftungen führen können, z. B. beim Blauen Eisenhut.
In der Praxis führt somit kein Weg daran vorbei, sich der großen Eigenverantwortung bewusst zu sein und sich mit den giftigen Pflanzen auseinanderzusetzen, um diese sicher erkennen und bestimmen zu können.

Erste-Hilfe-Maßnahmen für den Notfall

Was tun, wenn sich nach dem Verzehr von Pflanzen typische Anzeichen einer Vergiftung zeigen?

Typische Symptome:
Trockener Mund, Brennen in Mund und Rachen, Bauchschmerzen, Übelkeit, Kopfschmerzen, Schwindelgefühle, Krämpfe, Durchfall, Erbrechen und Müdigkeit

Sobald der Verdacht einer Vergiftung besteht bzw. sich die ersten Symptome zeigen, sollte schnellstmöglich der Notarzt bzw. eine der Giftnotrufzentralen (S. 234/235, Anhang) kontaktiert werden. Die fachkundigen Mitarbeiter dieser Notrufzentralen werden sie über die notwendige Hilfestellung bis zum Eintreffen des Rettungsdienstes informieren. Die meisten Gegenmaßnahmen sollten dem Arzt vorbehalten bleiben bzw. nicht ohne Rücksprache mit den Rettungskräften durchgeführt werden. Um diese bei ihrer Arbeit bestmöglich zu unterstützen, ist es sehr hilfreich, die Identifikation der verzehrten Giftpflanze so leicht wie möglich zu machen. Dazu zählen die folgenden Angaben:

Was: möglichst genaue Bezeichnung der Pflanze bzw. des Pflanzenteils

Wie viel: möglichst genaue Mengenangabe

Wer: Alter, Gewicht, Geschlecht und Zustand der betroffenen Person(en)

Wann: Zeitpunkt des Kontakts

Wo: Ort des Geschehens

Wie: Verschlucken, Einatmen oder Hautkontakt

Warum: unabsichtliche oder absichtlich herbeigeführte Vergiftung

Legende zum Artenteil

Hinweis: Die folgende Übersicht dient nur einem ersten Überblick und ist unvollständig, da es zu viele giftige Pflanzenarten gibt. Sollte eine Pflanze nicht in der Liste aufgeführt sein, ist das kein Hinweis darauf, dass die entsprechende Pflanze keine Giftstoffe enthält.

Angaben zur Giftigkeit:

(+) wenig giftig: Aufnahme großer Mengen kann zu Unwohlsein führen

+ giftig: Aufnahme großer Mengen kann zu leichten Vergiftungen führen

++ stark giftig: Aufnahme geringer Mengen kann zu mittelschweren Vergiftungen führen

+++ sehr stark giftig: Aufnahme geringer Mengen kann zu schweren bis tödlichen Vergiftungen führen

In geringsten Mengen tödlich giftig: der Blaue Eisenhut

Schöllkraut

Chelidonium majus var. *majus* (Mohngewächse)

H 30–70 cm April–Okt. Staude ☠

Vorkommen
Europa, Nordasien. Wege, Waldränder, Schuttplätze. Stickstoffhaltige, salzreiche, lehmige Böden.

Giftigkeit ++
alle Pflanzenteile, besonders Wurzel und Milchsaft

Die Giftwirkung der Pflanze nimmt mit dem Wachstum zu und ist im Herbst am höchsten. Die enthaltenen Giftstoffe schädigen Zellen und Gewebe. Als Symptome können Magen- und Darmbeschwerden, Erbrechen, blutige Durchfälle, Krämpfe, Kreislaufstörungen und Leberschäden auftreten. Im getrockneten Kraut verliert sich die Giftigkeit.

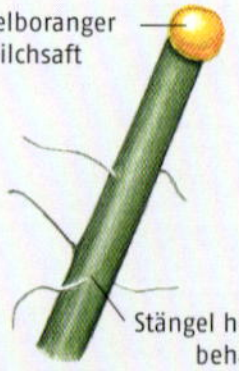

Gefleckter Aronstab

Arum maculatum (Aronstabgewächse)

H 20–40 cm April–Mai Staude ☠

Vorkommen *Mittel- und Südeuropa. Feuchte Laubwälder, Auenwälder. Durchlässige kalkreiche Böden.*

Giftigkeit +++
alle Pflanzenteile

Der Aronstab ist eine der Pflanzen, die mit Bärlauch verwechselt werden können. Sein Verzehr verursacht eine starke Schleimhautreizung (schmerzhaftes Brennen auf Zunge und im Rachen). Weitere Symptome können Blutungen in der Mundhöhle und im Magen-Darm-Kanal, Nervenlähmungen, Herzrhythmusstörungen sowie Leber- und Nierenschäden sein.

Aufgrund des angenehm süßlichen Geschmacks sind Vergiftungen – besonders bei Kindern – durch die roten Beeren häufig.

Seidelbast

Daphne mezereum (Seidelbastgewächse)
H bis 1,2 m März–April Strauch ☠

Der Seidelbast gilt als Pionierpflanze der Papierherstellung, ist aber auch eine der giftigsten einheimischen Pflanzen. Bei Berührung können heftige Reizungen der Haut (Blasenbildung, Entzündungen, geschwüriger Zerfall) auftreten. Eine innere Aufnahme kann zu Übelkeit, Erbrechen, Schwindel, Kopfschmerz, Magen- und Darmbeschwerden, Nierenschäden sowie beschleunigtem Herzschlag bis zum Tod durch Kreislaufkollaps führen. Die Giftigkeit geht beim Trocknen nicht verloren.

Vorkommen *Europa, Kleinasien. Laub- und Nadelmischwälder, Hochstaudenfluren. Kalkhaltige und nährstoffreiche Böden.*

Giftigkeit +++
alle Pflanzenteile, besonders Samen und Rinde

Bei Erwachsenen gilt der Verzehr von 10–12 Beeren als tödlich, bei Kindern entsprechend weniger.

Bittersüßer Nachtschatten

Solanum dulcamara (Nachtschattengewächse)
H bis 2 m Juni–Sept. Strauch ☠

***Vorkommen** Europa, Asien, Nordafrika. Auwälder, Kahlschläge. Feuchte, offene Standorte mit ausreichend Licht.*

***Giftigkeit ++** alle Pflanzenteile, besonders die unreifen Beeren*

Trotz des zum Teil süßlichen Geschmacks sollte der Bittersüße Nachtschatten auf keinen Fall verzehrt werden. Die enthaltenen Giftstoffe führen zu einem Kratzen im Mund und Rachen, Hautausschlägen, heftigem Erbrechen, Magen- und Darmbeschwerden, Lähmungen, Augenbeschwerden und Atemlähmung. Die Giftigkeit der Beeren nimmt mit der Reife ab.

Der Verzehr von 30–40 unreifen Beeren gilt als tödlich.

Kornrade

Agrostemma githago (Nelkengewächse)
H 40–100 cm Juni–Aug. einjährig ☠

***Vorkommen** Süd- und Mitteleuropa. Getreidefelder und Ödland.*

***Giftigkeit ++** alle Pflanzenteile, besonders die Samen*

Die Kornrade war früher zu ein weitverbreitetes Unkraut in Getreidefeldern, dadurch kam es öfter zu Vergiftungen. Aufgrund der modernen Landwirtschaft besteht dieses Risiko kaum noch. Der Verzehr kann zu einem Kratzen in Mund und Rachen, Übelkeit, Durchfall, Benommenheit und Kreislaufstörungen führen. Hohe Dosierungen können tödlich sein.

Bereits 3–5 g der Samen können Vergiftungserscheinungen hervorrufen.

Hundspetersilie

Aethusa cynapium (Doldenblütler)
H 10–120 cm Juni–Okt. einjährig ☠

Vorkommen *Europa. Wegränder, Waldränder, Weiden, Brachflächen, Weinberge, Äcker. Nährstoffreiche Lehmböden.*

Giftigkeit +++
alle Pflanzenteile

Eine Pflanze, die der glatten Gartenpetersilie zum Verwechseln ähnlich sieht. Der Namensteil »Hunds-« verweist in diesem Fall auf die »hundsgemeine« Giftigkeit dieser Pflanze. Der Verzehr führt zu einem Brennen im Mund, blasser Haut mit dunklen Verfärbungen, kaltem Schweiß, Erbrechen, Sehstörungen, Bewusstseinstrübungen und Tod durch Atemlähmung.

Blätter 3-fach gefiedert, 3-eckiger Umriss

schwacher widerlicher Geruch beim Zerreiben

weiße, zusammengesetzte Dolde mit 5–15 Döldchen

nach unten gerichtete Hüllblätter

Stängel fein gerillt, oft rötlich überlaufen

Giftiger Wasserschierling

Cicuta virosa (Doldenblütler)
H 60–120 cm Juli–Aug. Staude ☠

Vorkommen
Europa, Nordasien, Nordamerika. Sümpfe, Teichränder, Ufer. Flach überschwemmte, nährstoffreiche Standorte.

Giftigkeit +++
alle Pflanzenteile

Durch seinen sellerieartigen Geruch kommt es immer wieder zu Verwechslungen und somit zu Vergiftungsfällen. Diese äußern sich durch Brennen in Mund und Rachen, Übelkeit, Brechreiz, Muskelzuckungen, Krämpfe, Schock, Bewusstlosigkeit und Tod durch Atemlähmung.

weiße zusammengesetzte Dolde mit bis zu 25 Döldchen

sellerieartiger Geruch

Erste Symptome zeigen sich meist bereits nach 20 Minuten. Der Tod tritt oft innerhalb von 24 Stunden ein.

Blätter 2- bis 3-fach gefiedert, gezähnt

Stängel glatt, hohl, kantig

Gefleckter Schierling

Conium maculatum (Doldenblütler)

H 80–180 cm Juni–Aug. zweijährig ☠

***Vorkommen** Europa, Asien, Nordafrika. Wegränder, Hecken. Feuchte, schattige, nährstoffreiche Standorte.*

***Giftigkeit +++** alle Pflanzenteile, besonders unreife Samen*

Die Pflanze wird auch »der gefleckte Tod« genannt. Vielen ist der Schierlingsbecher bekannt, mit dem Sokrates hingerichtet wurde. Nicht umsonst zählt die Pflanze zu den giftigsten in Europa. Typische Vergiftungssymptome sind Schluckbeschwerden, Erbrechen, Kältegefühl bis Gefühllosigkeit und aufsteigende Lähmungen. Schlussendlich tritt der Tod durch Atemlähmung ein.

Riesen-Bärenklau

Heracleum mantegazzianum (Doldenblütler)

H 200–350 cm Juli Staude ☠

***Vorkommen** Kaukasus, Europa, Nordamerika. Auen, Wald-, Weg- und Straßenränder, Schuttplätze. Stickstoffhaltige Böden.*

***Giftigkeit ++** alle Pflanzenteile bei Kontakt*

Die auffällige Pflanze ist aufgrund ihrer Größe kaum zu verwechseln. Ihre Giftwirkung beruht auf dem starken Gehalt an phototoxischen Substanzen, die unter der Einwirkung von Sonnenlicht Hautschädigungen (die sogenannte Phytophotodermatitis) verursachen können. Diese heilen oft erst nach Wochen ab und können Narben hinterlassen.

Weißer Stechapfel

Datura stramonium (Nachtschattengewächse)
H 20–120 cm Sept.–Okt. einjährig ☠

Vorkommen *Europa, Asien, Mittelamerika. Schuttplätze, Wegränder, Ödflächen. Stickstoffhaltige Böden.*

Giftigkeit +++
alle Pflanzenteile, besonders die Samen

Obwohl die Blätter des Stechapfels früher medizinisch als Asthma-Zigaretten Anwendung fanden, ist von einer Nutzung der Pflanze abzuraten. Schon die Einnahme kleinerer Mengen kann zu schweren Vergiftungen führen. Die Symptome reichen von Fieber, Übelkeit, Bewusstseinsstörungen, Halluzinationen, Tobsucht und Sehstörungen bis hin zu Atemlähmung.

15 Stechapfelsamen können für einen Menschen tödlich sein. Mehrmalige Vergiftungen führen zu psychischen Folgeschäden.

Schwarzer Nachtschatten

Solanum nigrum (Nachtschattengewächse)
H 30–70 cm Juni–Okt. einjährig ☠

Vorkommen *Europa (gemäßigte Zonen). Wegränder, Äcker, Schuttplätze, Gärten. Stickstoffhaltige Böden.*

Giftigkeit ++
alle Pflanzenteile, vor allem unreife Beeren

Oft sind an einer Pflanze zur selben Zeit Blüten, unreife und reife Beeren zu finden. Während die reifen Beeren eher unbedenklich sind – sie werden mancherorts zu Marmelade verarbeitet –, enthalten unreife Beeren und alle anderen Pflanzenteile Giftstoffe. Diese können Symptome wie Übelkeit, Erbrechen, Durchfall, weite Pupillen, Lähmungen und Atemlähmung auslösen.

Bereits 6–10 unreife Beeren können Vergiftungserscheinungen hervorrufen. Reife Beeren (schwarz) enthalten keine Giftstoffe mehr.

Tollkirsche

Atropa bella-donna (Nachtschattengewächse)
H 50–150 cm Juni–Aug. Staude ☠

Vorkommen *Europa (außer Skandinavien), Asien, Nordafrika. Waldwege, Waldlichtungen, Kahlschläge. Nährstoffreiche kalkhaltige Böden.*

Giftigkeit +++
alle Pflanzenteile

Die – im wissenschaftlichen Namen – namensgebende Schicksalsgöttin Atropos schneidet den Lebensfaden ab. Darin spiegelt sich gut die Gefahr dieser Pflanze. Der Verzehr führt zeitnah zu starken Vergiftungssymptomen. Diese reichen von trockenen Schleimhäuten, Unruhe, Rauschzuständen, Krämpfen, Koma bis zum Tod durch Atemlähmung. Außerdem werden die Pupillen erweitert, wovon sich der zweite Namensteil bella-donna = schöne Frau ableitet. Damit sind allerdings erhebliche Sehstörungen verbunden.

Der Verzehr von 10–12 Beeren (Erwachsene) bzw. 3–4 Beeren (Kinder) gilt als tödlich. Die Giftstoffe können auch über Hautkontakt aufgenommen werden.

Zweihäusige Zaunrübe

Bryonia dioica (Kürbisgewächse)

H 2–4 m Juni–Sept. Staude ☠

Die häufig als Zierpflanze kultivierte Zaunrübe nutzt Hecken und Zäune, um sich an ihnen hochzuranken. Der in der Pflanze enthaltene Milchsaft kann bei Kontakt schmerzhafte Entzündungen der Haut hervorrufen. Innerlich aufgenommen können Übelkeit, Erbrechen, blutige Durchfälle, Nierenschäden, Krämpfe und Atemlähmung die Folge sein.

Bei Kindern gelten 15 Beeren (Erwachsene 40) als tödliche Dosis. Da die Beeren ziemlich scharf schmecken, kommt es selten zu starken Vergiftungen.

Vorkommen *Europa, Nordafrika, Westasien. Auenwälder, Hecken. Nährstoffreiche, lockere Lehmböden.*

Giftigkeit ++
alle Pflanzenteile, besonders Wurzel, Beeren und Samen

Gewöhnliche Christrose

Helleborus niger subsp. *niger* (Hahnenfußgewächse)

H 5–25 cm Dez.–März Staude ☠

Die langlebige und sehr früh blühende Christrose ist eine beliebte Zierpflanze. In der freien Natur ist sie aber nur selten anzutreffen. Als Symptome einer Vergiftung können Kratzen im Rachen, Übelkeit, Durchfall, Koliken, Schwindelgefühl, Sehstörungen und Herzbeschwerden auftreten. Bei starken Vergiftungen tritt der Tod durch Herzkammerflimmern ein.

Vorkommen *Mittel- und Südeuropa. Schattige Gebüsche und Waldränder. Wächst nur auf kalkhaltigem Boden.*

Giftigkeit +++
alle Pflanzenteile, besonders der Wurzelstock

Bereits der Verzehr von 3 reifen Samenkapseln kann zu schweren Vergiftungen führen.

Stinkende Nieswurz

Helleborus foetidus (Hahnenfußgewächse)
H bis 80 cm März–April Staude/Halbstrauch ☠

Vorkommen *Zentral- und Südeuropa. Lichte Wälder, Wegränder, Abhänge. Kalkhaltige Böden.*

Giftigkeit +++
alle Pflanzenteile

Trotz des unangenehmen Geruchs ist die Pflanze eine häufig anzutreffende Zierpflanze. Der getrocknete und zerriebene Wurzelstock verursacht heftiges Niesen. Daher stammt der Name »Nieswurz«. Wie ihre Verwandte, die Christrose, ist auch die stinkende Nieswurz nicht zum Verzehr geeignet. Sie weist die gleichen Vergiftungssymptome auf.

Zwerg-Holunder, Attich

Sambucus ebulus (Geißblattgewächse)
H 60–150 cm Juni–Aug. Staude ☠

Vorkommen *Europa, Westasien, Nordafrika. Wegränder, Lichtungen, Brachland. Mäßig feuchte Böden.*

Giftigkeit +
alle Pflanzenteile, besonders die Samen

Der Attich ist die kleinste der 3 einheimischen Holunderarten. Besondere Vorsicht ist bei den Samen der schwarzen Beeren geboten. Als Symptome einer Vergiftung können Übelkeit, Schwindel, Ohrensausen, blutiger Durchfall, Sehstörungen, Nierenerkrankungen und Herzbeschwerden auftreten.

Giftiger Hahnenfuß

Ranunculus sceleratus (Hahnenfußgewächse)
H 10–80 cm Juni–Okt. Staude ☠

Früher war die Pflanze auch unter dem Namen Bettler-Hahnenfuß bekannt. Bettler rieben sich mit dem Saft ein, um besonders mitleiderregend auszusehen, denn bei Hautkontakt verursacht der Saft starke Gewebeschäden. Eine innerliche Aufnahme führt hingegen zu Schwindel, heftigen Magenschmerzen, Betäubung, Ohnmacht und Tod.

Vorkommen *Europa, nördliche Halbkugel. Sumpfwiesen, Teichufer, Gräben. Nasser, nährstoffreicher Schlamm.*

Giftigkeit ++ *alle Pflanzenteile, besonders der Saft*

Gewöhnliches Schwarzes Bilsenkraut

Hyoscyamus niger var. *niger* (Nachtschattengewächse)
H 30–60 cm Juni–Okt. einjährig/zweijährig ☠

Vor dem Erlass des Reinheitsgebots von 1516 war das Bilsenkraut noch ein typischer rauschsteigernder Zusatz im Bier – mit schwer kalkulierbaren Nebenwirkungen. Bei innerer Aufnahme kann es sehr schnell zu Vergiftungen kommen. Typische Symptome sind heftiger Durst, Kopfschmerzen, Schock, Herzbeschwerden, Halluzinationen, Bewusstlosigkeit und Atemlähmung.

Vorkommen *Europa, Asien, Nordamerika. Schuttplätze, Ödflächen, Wegränder, sonnige Standorte. Trockene und stickstoffreiche Böden.*

Giftigkeit +++ *alle Pflanzenteile, besonders die Samen*

Bereits ca. 15 Samen gelten bei Kindern als tödlich.

Echter Kreuzdorn

Rhamnus cathartica (Kreuzdorngewächse)

H bis 3 m Mai–Juni Strauch ☠

Vorkommen *Europa, Westasien, Nordwestafrika. Lichte Wälder, Waldsäume, Trockenhänge. Kalkhaltige Lehmböden.*

Giftigkeit +
Rinde und unreife Früchte

Der botanische Name *cathartica* geht auf das griechische kathairein, d. h. »reinigen« zurück, da die Rinde des Strauchs als Abführmittel diente. Diese Wirkung beruht auf den in der Rinde und den unreifen Früchten enthaltenen Giftstoffen. Bei einer höheren Dosierung können diese zu Übelkeit, Erbrechen, Durchfall und Nierenreizungen führen.

Nach dem Verzehr von mehr als 20 unreifen Beeren kann es – besonders bei Kindern – zu schweren Magen- und Darmbeschwerden kommen.

Gewöhnlicher Efeu

Hedera helix (Araliengewächse)

H bis 20 m Sept.–Nov. Strauch ☠

Vorkommen *West-, Süd- und Mitteleuropa, Asien. Lichte Wälder, Steinbrüche, Mauern, Parkanlagen.*

Giftigkeit ++
alle Pflanzenteile, besonders Blätter und Beeren

Der Efeu ist die einzige mitteleuropäische Liane. Bei Hautkontakt können Reizungen und allergische Reaktionen (Kontaktdermatitis) auftreten. Vergiftungen können sich bereits nach dem Verzehr von 2–3 Beeren zeigen, sind jedoch selten, da die Beeren einen bitteren, unangenehmen Geschmack haben.

Herbst-Zeitlose

Colchicum autumnale (Zeitlosengewächse)
H 5–40 cm Okt.–Nov. Staude ☠

Die Blätter der Herbst-Zeitlosen können mit denen des Bärlauchs verwechselt werden. So kommt es immer wieder zu starken Vergiftungen. Als Symptome treten krampfartige Bauchschmerzen, blutige Durchfälle, Nierenschäden, Herzrhythmusstörungen und Atemlähmung auf. Aufgrund der langen Latenzzeit werden Vergiftungen häufig zu spät erkannt und enden tödlich.

Vorkommen *Europa (außer Skandinavien). Auenwälder, Lichtungen, Wiesen. Feuchte, nährstoffreiche Lehm- und Tonböden.*

Giftigkeit +++ *alle Pflanzenteile, besonders Wurzelknolle und Samen*

Gewöhnliches Maiglöckchen

Convallaria majalis (Maiglöckchengewächse)
H 10–20 cm Mai Staude ☠

Die Blätter des Maiglöckchens können mit denen des Bärlauchs verwechselt werden. Bei Berührung führen die enthaltenen Giftstoffe zu Hautreizungen. Bei innerer Aufnahme können Übelkeit, Durchfall, Schwindel, Blutdruckschwankungen, Herzrhythmusstörungen, Kreislaufkollaps sowie Atem- & Herzstillstand auftreten.

Vorkommen *Europa, Nordasien, Nordamerika. Laub- und Mischwälder, Gebüsche. Trockene, kalkhaltige Böden.*

Giftigkeit ++ *alle Pflanzenteile, besonders Blüten und Beeren*

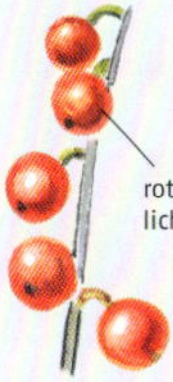

Vielblütige Weißwurz

Polygonatum multiflorum (Maiglöckchengewächse)
H 30–80 cm Mai–Juni Staude ☠

Vorkommen *Europa. Schattige Laub- und Nadelwälder. Feuchte, nährstoffreiche Böden.*

Giftigkeit +
alle Pflanzenteile, besonders die Beeren

Die reifen Beeren der Vielblütigen Weißwurz können mit denen der Heidelbeere verwechselt werden. Somit kommt es immer wieder zu Vergiftungsfällen. Als Symptome können Übelkeit, Erbrechen, Durchfall, Schwindelgefühl, Kopfschmerzen und Atemnot auftreten. In der Regel kommt es aber nur zu leichten Vergiftungen.

Gewöhnlicher Frühlings-Krokus

Crocus vernus subsp. *vernus* (Schwertliliengewächse)
5–15 cm März–Mai Staude ☠

Vorkommen *Mittel- und Südeuropa. Alpen und Pyrenäen, feuchte Bergwiesen, Gräben. Sonnige, lockere Böden.*

Giftigkeit +
alle Pflanzenteile

Der Gewöhnliche Frühlings-Krokus ist die einzige in Europa wild vorkommende Krokusart. Es gibt aber zahlreiche Zuchtformen in Gärten und Parks. Er ist zwar mit dem Safran verwandt, wird aber nicht als Gewürz verwendet. Die Pflanze gilt als schwach giftig. Als Symptome ist mit Magenbeschwerden, Durchfällen, Erbrechen, Schwindel und Kopfschmerzen zu rechnen.

Weißer Germer

Veratrum album (Germergewächse)

H 50–150 cm   Juni–Aug.   Staude   ☠

Vorkommen *Europa, Asien. Hochstaudenfluren, Wiesen, Lichtungen, Viehlagerplätze. Frische, nasse und nährstoffhaltige Böden.*

Giftigkeit ++
alle Pflanzenteile, besonders die Wurzel

Der Weiße Germer ist eine alte Pfeilgift-Pflanze, deren Wirkstoffe auch über die Haut aufgenommen werden. Die Symptome einer Vergiftung reichen von Jucken, Brennen, Schluckproblemen, Durchfall, Koliken und Kältegefühl bis zum Tod durch Herzstillstand oder Atemlähmung.

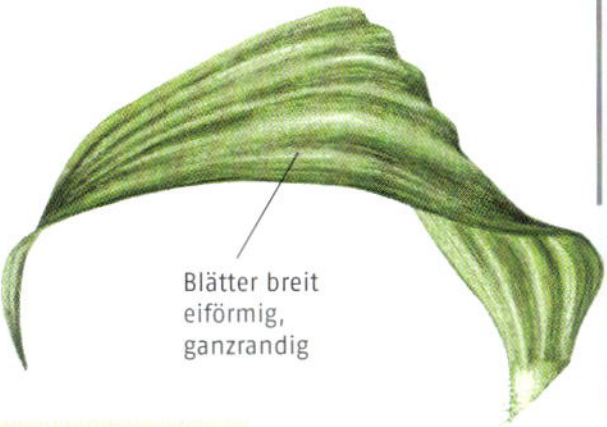

Bei einer höheren Umgebungstemperatur können bereits 1–2 g eines Pulvers aus der getrockneten Wurzel tödlich sein.

Jakobs-Kreuzkraut

Senecio jacobaea (Korbblütler)

H 30–100 cm Juli–Okt. zweijährig/Staude ☠

***Vorkommen** Europa, Westasien. Wiesen, Weiden, Magerrasen, Ackerbrachen, Wegränder. Sonnige, humose Lehm- und Sandböden.*

***Giftigkeit +** alle Pflanzenteile, besonders die Blüten*

Die Pflanze ist nicht gern gesehen, da sie aufgrund der in ihr enthaltenen stark leberschädigenden und krebserregenden Pyrrolizidinalkaloide als giftig gilt. Nach dem Verzehr zeigen sich keine unmittelbaren Symptome. Da die Alkaloide jedoch kaum ausgeschieden werden, können Vergiftungserscheinungen erst nach Jahren auftreten, wenn die kritische Gesamtdosis erreicht ist.

Gewöhnliche Akelei

Aquilegia vulgaris var. *vulgaris* (Hahnenfußgewächse)

H 30–60 cm Mai–Juni Staude ☠

***Vorkommen** Europa, Asien, Afrika. Lichte Mischwälder, Lichtungen, Trockenrasen. Kalkhaltige Böden.*

***Giftigkeit +** alle Pflanzenteile, besonders die Samen*

Die wild nur noch vereinzelt anzutreffende Akelei ist eine beliebte Zierpflanze. Sie enthält jedoch starke Reizgifte, die bei Berührung Hautreizungen wie Rötungen, Blasenbildung und Nekrosen auslösen können. Bei innerlicher Aufnahme können Übelkeit, Erbrechen, Durchfall, Benommenheit, Atemnot sowie Herzbeschwerden auftreten.

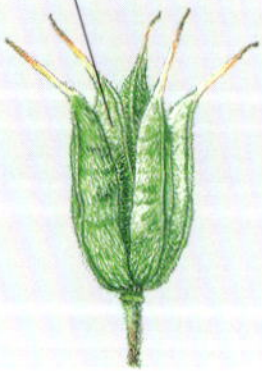

Busch-Windröschen

Anemone nemorosa (Hahnenfußgewächse)

H 10–25 cm März–Mai Staude ☠

Im Frühjahr prägt das Busch-Windröschen vielerorts das Erscheinungsbild der heimischen Laub- und Mischwälder. Eine Berührung mit dem Saft der Pflanze kann zu Hautreizungen wie Rötungen und Blasenbildung führen. Bei oraler Aufnahme können Symptome wie Übelkeit, Durchfall, Krämpfe, Blutungsneigung und Nierenschäden auftreten.

Dass der Verzehr von 30 Pflanzen tödlich sein soll, wird nach neuerem Wissensstand angezweifelt.

***Vorkommen** Europa, Asien, Nordamerika. Laub- und Mischwälder, Wiesen. Feuchte, kalkhaltige Humusböden.*

Giftigkeit +
alle Pflanzenteile

Kleiner Winterling

Eranthis hyemalis (Hahnenfußgewächse)

H 5–15 cm Febr.–März Staude ☠

Die häufige Zierpflanze ist auch verwildert anzutreffen. Als einer der ersten Frühlingsblüher leuchten ihre gelben Blüten bereits im Schnee. Die enthaltenen Wirkstoffe besitzen in erster Linie eine Wirksamkeit auf die Herztätigkeit. Bei Verzehr können Übelkeit, Koliken, Sehstörungen, Atemnot, Herzschwäche bis hin zum Herzstillstand auftreten.

Vorkommen
Europa, Nordamerika. Weinberge, Gebüsche, feuchte Laubwälder. Nährstoffreiche, lockere Lehmböden.

Giftigkeit ++
alle Pflanzenteile, besonders die Knolle

Gelber Eisenhut

Aconitum lycoctonum (Hahnenfußgewächse)
H 50–150 cm Juni Staude ☠

***Vorkommen** Europa (Alpen und Mittelgebirge). Laubmischwälder, Bachränder, Gebüsche. Feuchte, kalkhaltige Böden.*

***Giftigkeit +++** alle Pflanzenteile, besonders Wurzel und Samen*

Der Verwandte des Blauen Eisenhuts steht diesem in der Giftwirkung kaum nach. Bereits geringste Dosierungen können schwere Vergiftungen hervorrufen. Als Symptome treten ein Brennen und Kribbeln am ganzen Körper, Ausschläge, Kältegefühl, Erbrechen und Durchfall auf. Schlussendlich tritt nach einer Stunde der Tod durch Herz- und Atemlähmung ein.

Beim Menschen liegt die tödliche Alkaloiddosis bei etwa 3–6 mg. Somit können bereits 1–2 g der Wurzelknolle tödlich wirken.

Feld-Rittersporn

Consolida regalis syn. *Delphinium consolida* (Hahnenfußgewächse)
H 20–40 cm Mai–Aug. einjährig ☠

***Vorkommen** Mitteleuropa. Wegränder, Äcker, Ödflächen. Kalkhaltige, lockere Böden.*

***Giftigkeit +++** alle Pflanzenteile, besonders die Samen*

Die unterschiedlichsten Rittersspornarten sind als Zierpflanzen anzutreffen. Wild trifft man am ehesten auf den Feld-Rittersporn, auch als Acker-Rittersporn bezeichnet. Die enthaltenen Giftstoffe entsprechen denen des Blauen Eisenhuts (s. S. 221), nur in deutlich geringeren Konzentrationen. Daher können ähnliche Symptome auftreten.

Blauer Eisenhut

Aconitum napellus subsp. *napellus* (Hahnenfußgewächse)

H 50–150 cm   Juni–Aug.   Staude   ☠

Vorkommen *Europa (Alpen und Mittelgebirge). Wegränder, Weiden, Gebüsche, Bachufer, Hochstaudenflure. Feuchte und schattige Böden.*

Giftigkeit +++ *alle Pflanzenteile, besonders Wurzel und Samen*

Der häufig als Zierpflanze anzutreffende Blaue Eisenhut gilt als giftigste Pflanze Europas. Bereits das Berühren der Pflanze kann Vergiftungen hervorrufen. Daher diente er von alters her als Pfeilgift. Als Symptome einer Vergiftung treten Übelkeit, Erregung, Kälteempfinden, ein Gefühl des Pelzigseins und Krämpfe auf. Schlussendlich tritt nach einer bis drei Stunden der Tod durch Herz- und Atemlähmung (Kreislauflähmung) ein. Angeblich war er auch ein Bestandteil der Hexensalben.

Bereits 1–2 g der Wurzelknolle können tödlich wirken. Es ist kein spezifisches Gegengift bekannt.

Vielblättrige Lupine

Lupinus polyphyllus (Hülsenfrüchtler)
H 100–150 cm Juni–Aug. Staude ☠

Vorkommen *Europa, Nordamerika. Böschungen, Waldwege, Lichtungen.*

Giftigkeit ++ *alle Pflanzenteile, besonders die Samen*

In der Lebensmittelindustrie ist die Lupine eine neue Alternative als Ersatz für tierische Eiweiße. Dabei handelt es sich um Zuchtformen. Wild wachsende Pflanzen sollten aufgrund giftiger Inhaltsstoffe nicht verwendet werden. Die Symptome nach dem Verzehr reichen von Schluckbeschwerden, Herzrhythmusstörungen und Lähmungen der Beine bis hin zur Atemlähmung.

Roter Fingerhut

Digitalis purpurea (Braunwurzgewächse)
H 40–150 cm   Juni–Juli   zweijährig/Staude ☠

Der Fingerhut ist in vielen Gärten anzutreffen, zählt aber auch zu den bekanntesten Giftpflanzen. Es kommt auch öfters zu Verwechslungen mit den jungen Blättern des Borretschs *(Borago officinalis)*. Da der Fingerhut einen unangenehmen, stark bitteren Geschmack hat und sehr schnell zum Erbrechen führt, sind schwere Vergiftungen selten. Als Symptome können Übelkeit, Entzündungen, Reizbarkeit, Sehstörungen, Halluzinationen, Herzrhythmusstörungen und Herzstillstand auftreten.

Vorkommen *Mittel- und Westeuropa. Waldwege, Waldlichtungen, Kahlflächen. Nährstoffreiche, leicht saure Böden.*

Giftigkeit +++
alle Pflanzenteile, besonders die Blätter

Bereits der Verzehr von 2–3 Blättern (bzw. 0,3 g getrockneter Blätter) gilt als letale Dosis.

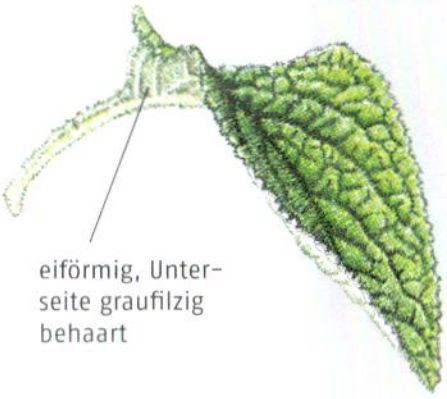

Gewöhnliche Stechpalme

Ilex aquifolium (Stechpalmengewächse)

H bis 5 m   Mai–Juni   Halbstrauch/Strauch ☠

Vorkommen *West- und Mitteleuropa, Nordamerika. Als Unterwuchs in Buchenwäldern, in Gärten.*

Giftigkeit +++
Blätter, Beeren

Der Ilex ist ein beliebter Zierstrauch und wird häufig als Weihnachtsdekoration verwendet. Man sollte aber nicht vergessen, dass es sich um eine stark giftige Pflanze handelt. Der Verzehr kann zu ernsthaften Symptomen führen. Diese reichen von Übelkeit, Erbrechen, Durchfall, Herzrhythmusstörungen, Magenentzündung, Nierenschäden bis zu Lähmungen.

Bei Erwachsenen gelten 20–30 Beeren als tödlich (bei Kindern entsprechend weniger).

Gewöhnliches Pfaffenhütchen

Euonymus europaeus var. *europaeus* (Spindelbaumgewächse)

H bis 3 m   Mai–Juni   Strauch ☠

Vorkommen *Europa, Asien. Waldränder, Hecken, Auenwälder, Bachufer. Nährstoffreiche, tiefgründige Böden.*

Giftigkeit ++
alle Pflanzenteile, vor allem die Früchte

Die Früchte dieses Strauchs erinnern an die Kopfbedeckung christlicher Geistlicher, woher sich der deutsche Name ableitet. Der Genuss dieser Pflanze, vor allem der verlockenden Früchte, kann zu Vergiftungen führen. Diese äußern sich durch Übelkeit, Kreislaufstörungen, Krämpfe, blutigen Durchfall, Leber- und Nierenschäden, Herzrhythmusstörungen und Tod.

Bei Erwachsenen soll der Verzehr von 36 Früchten tödlich sein. Die Giftwirkung tritt mit einer langen Latenzzeit von bis zu 18 Stunden ein.

Gewöhnlicher Goldregen

Laburnum anagyroides (Hülsenfrüchtler)

H bis 8 m Mai–Juni Strauch/Baum ☠

Der im Volksmund auch als Bohnenbaum bekannte Strauch ist oft als Zierpflanze anzutreffen, aber in seiner Gefährlichkeit nicht zu unterschätzen. Da seine Früchte wie kleine Bohnen bzw. Erbsen aussehen, führen diese immer wieder zu Vergiftungsfällen, besonders bei Kindern. Die sehr schnell auftretenden Symptome reichen von Brennen im Rachen, Durst, anhaltendem blutigem Erbrechen, Schwindel, Krämpfen bis zum Tod durch Atemlähmung.

***Vorkommen** Mittel- und Südeuropa. Gärten, Parkanlagen, selten verwildert. An Standorten mit mildem Winter.*

***Giftigkeit +++** alle Pflanzenteile, besonders Blüten, Früchte und Samen*

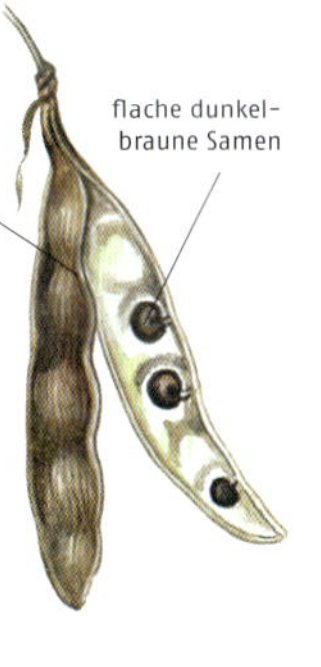

Bereits 15–20 Samen gelten bei Kindern als tödlich.

Gewöhnlicher Besenginster

Cytisus scoparius var. *scoparius* (Hülsenfrüchtler)

H bis 2 m Mai–Juni Strauch ☠

Vorkommen *Europa. Heide, Waldränder, Waldlichtungen, Weg- und Straßenränder. Saure Lehm- und Sandböden.*

Giftigkeit +
ganze Pflanze

Als typischer Pionierstrauch ist der Besenginster häufig an Straßenrändern anzutreffen, wo er den Boden für andere Pflanzenarten aufbereitet. Trotz der einladenden leuchtend gelben Blüten kann der Verzehr zu Vergiftungen führen. Die Symptome reichen von Schweißausbrüchen, Schwindel, Kopfschmerzen, Herzklopfen, Kreislaufkollaps bis zum Herzstillstand.

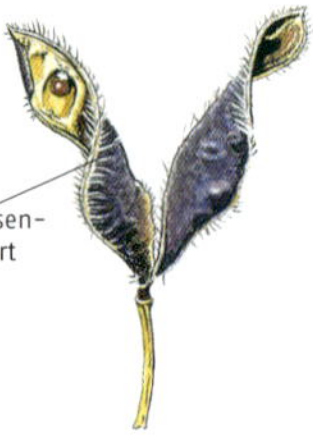

Aus den struppigen Zweigen wurden früher Besen gebunden.

Stink-Wacholder, Sadebaum

Juniperus sabina (Zypressengewächse)

H bis 2 m April–Mai Strauch ☠

Vorkommen *Europa (außer Britische Inseln und Skandinavien), Nordasien. Kahle und felsige Regionen, Grünanlagen.*

Giftigkeit +++
alle Pflanzenteile

Trotz der Namensähnlichkeit mit dem bekannten Gewürz ist dringend von einem Verzehr abzuraten. Die sich erst spät zeigenden Symptome (nach mehr als 10 Stunden) sind Krämpfe, blutiger Durchfall und Urin, Herzrhythmusstörungen, Nieren- und Leberschäden sowie Atemlähmung. Bei äußerlichem Kontakt ist die auch als Gift-Wacholder bekannte Pflanze stark hautreizend.

Bereits der Verzehr von mehr als 5 g der Zweigspitzen kann zu Bewusstlosigkeit und Tod nach Stunden bzw. Tagen führen.

Europäische Eibe

Taxus baccata (Eibengewächse)

H bis 15 m März–April Strauch/Baum ☠

Der bekannte immergrüne Zierstrauch ist häufig in Gärten und auf Friedhöfen anzutreffen. Für den Bogenbau gilt Eibe als das beste einheimische Holz, da es besonders elastisch und stabil ist. Essbar ist nur der rote Samenmantel. Alle anderen Pflanzenteile sind stark giftig. Ein Verzehr kann zu heftigen Leibschmerzen, Koliken, Erbrechen, Durchfall, Bewusstseinsstörungen, Kreislaufkollaps und Atemlähmung führen.

***Vorkommen** Europa, Nordafrika, Kleinasien. Gärten, selten wild in Wäldern. Frische, kalkhaltige Böden.*

***Giftigkeit +++** alle Pflanzenteile, besonders die Nadeln*

Bereits der Verzehr von 50–100 g der Nadeln gilt als tödlich.

MIT WILDPFLANZEN — KOCHEN

Die Geschichte des Kochens begann vor ca. 1,5 Millionen Jahren, als die Menschen *(Homo erectus)* begannen, das Feuer zu bewahren und es zur Zubereitung von Nahrung zu nutzen. Die Nahrung wurde leichter kaubar, schneller verdaubar, hygienischer und eine größere Vielfalt von Nährstoffen führte nachweislich zu einem Evolutionsschub und die Weiterentwicklung zum *Homo sapiens*.

Kochen tut gut

Das Kochen und Essen entwickelte sich zu einem wichtigen Teil der menschlichen Kultur und was eine Gruppe jagte und sammelte, war wesentlich für ihr Überleben. In einer Zeit, in der wir alles im Supermarkt kaufen können und unser Überleben nicht von unseren Fähig- und Fertigkeiten der Nahrungsbeschaffung abhängt, bekommt die Nahrungszubereitung eine ganz andere Bedeutung. In unseren Seminaren erleben wir immer wieder Glück und Zufriedenheit, wenn die Teilnehmenden lernen, essbare Wildpflanzen zu identifizieren, wiederzuerkennen, daraus gemeinsam leckere Speisen zuzubereiten und sich über die Erfahrungen auszutauschen. Die folgenden Rezepte laden ein, eigene Praxiserfahrungen mit den Wildpflanzen zu sammeln.

Selbst gesammelt bekommt Nahrung einen ganz anderen Stellenwert.

Suppen

Suppen sind einfach zuzubereiten. Es braucht nur einen großen Topf auf dem Herd oder auch über dem Feuer und schon kann es losgehen.

Grüne Neune

Ca. 1 kg Kräuter (Sauerampfer, Melde, Giersch, Bärlauch, Knoblauchrauke, Löwenzahn, Gundermann, Brennnessel, Breitwegerich, oder andere) in kochendem, leicht gesalzenem Wasser blanchieren. 1 Zwiebel schälen, würfeln und in Öl (oder Butter) andünsten. Die blanchierten Kräuter dazu geben, ca. 5 Minuten mitdünsten und dann pürieren. Mit Salz, Pfeffer und Muskat abschmecken. Je nach Ernährungsform wahlweise 1 Löffel Butter, Sahne, Schmand oder vegane Alternative hinzufügen und noch einmal mit dem Pürierstab aufschlagen. Nach Belieben mit Wasser verdünnen und mit geriebener Kartoffel andicken.

Körnige Kräutersuppe

½ Tasse Dinkel- oder Weizenkörner, 1 Zwiebel, Öl, 2 Handvoll Kräuter (Frauenmantel, Wiesen-Bocksbart, Wiesenknopf, Franzosen-/Knopfkraut u. a.), Salz, etwas Dinkel- oder Weizenschrot, Saft einer Zitrone, Gemüsebrühe. Für Variante 1: 2 hart gekochte Eier,

In die „Grüne Neune" gehören neun verschiedene frische Frühlingskräuter.

Kräutersuppe über dem offenen Feuer – der Frühling kann kommen!

Weiß- oder Toastbrot, Butter. Für Variante 2: Bratlinge oder Falafel

Die Körner leicht rösten und mahlen. Die Zwiebel fein hacken und in Öl andünsten. Die Kräuter hacken, dazugeben und mit andünsten. Nach 10 Minuten mit Wasser aufgießen, aufkochen und salzen. Den Dinkel- oder Weizenschrot mit etwas Zitronensaft und Brühe verrühren und in die Suppe geben. So lange köcheln, bis das Getreide gar ist.

Variante 1 mit tierischem Eiweiß
Hart gekochte Eier würfeln. Weiß- oder Toastbrotwürfel in Butter rösten und beides kurz vor dem Servieren über die Suppe streuen.

Variante 2 vegan Bratlinge oder Falafel zubereiten und mit der Suppe servieren.

Kräuter-Tomaten-Suppe
1 Zwiebel, Öl, 5 Tomaten, Lieblingskräuter (je nach Region und Saison), Gemüsebrühe, Salz, Pfeffer, Zucker, etwas Rotwein zum Abschmecken, evtl. Sahne

Die Zwiebel klein hacken und in Öl andünsten. Die Tomaten mit heißem Wasser überbrühen, schälen und in Würfel schneiden. Die Kräuter klein hacken. Tomaten und Kräuter zu den Zwiebeln geben und ca. 20 Minuten mit geschlossenem Deckel dünsten. Dann mit Wasser oder Gemüsebrühe aufgießen und mit Salz, Pfeffer, etwas Zucker und Rotwein abschmecken. Dazu Hirse, Reis oder Baguette reichen.

Variante mit tierischem Eiweiß
Die Suppe mit Fleischbrühe zubereiten und mit etwas geschlagener Sahne servieren.

Soßen

Ein altes Sprichwort sagt: „An der Soße erkennt man einen guten Koch" und in der Gastronomie ist der Saucier ein eigener Beruf. Das macht die Bedeutung der Soße für eine Mahlzeit deutlich. Eine Soße soll mit dem Gericht harmonieren und seinen Eigengeschmack unterstreichen. Für Braten und Wild passen dunkle Saucen, für Geflügel aromatische Pilz- oder Currysoße, zu Fisch und Meeresfrüchte sowie zu Gemüse eher helle Soßen. Auch die Menge ist entscheidend: Gerichte wie Fisch, Geflügel oder Meeresfrüchte brauchen zarte Soßen in kleiner Menge. Braten, Kurzgebratenes oder Gegrilltes gewinnen durch reichlich kräftige Soße. Eine Nudelsoße soll reichlich sein und außerdem noch sättigen.

Frische Wildkräuter machen sich super in Soßen und Dips.

Nur so viel sammeln, wie man direkt verarbeiten kann.

Kräutersoße zu Fisch
1 Zwiebel, etwas Paniermehl, Öl, 1 TL Zitronensaft, 2 Tassen fein gehackte Kräuter (z. B. Sauerampfer, Vogelmiere, wenig Gundermann, Wegerich, Bachbunge, Brunnenkresse, Bärlauch oder Knoblauchrauke), 1 geriebener Apfel, 1 Tasse Joghurt, ½ Tasse Quark, Salz, Pfeffer, Paprika

Die Zwiebel fein hacken und mit etwas Paniermehl in Öl dünsten. Den Zitronensaft und die Kräuter dazugeben und 5 Minuten weiterdünsten. Vom Feuer nehmen. Apfel, Joghurt und Quark untermischen und mit Salz, Pfeffer und Paprika abschmecken.

Kräuter-Käse-Soße
250 ml Milch, 100 g Butter, 200 g geriebener Gouda, 2 Tassen fein gehackte Wildkräuter (z. B. Giersch, Knoblauchrauke, Brennnessel, Spitzwegerich, Wiesenschaumkraut, o. a.), Salz, etwas Weißwein zum Abschmecken

Die Milch zum Köcheln bringen und die Butter und den Gouda darin unter Rühren auflösen. Die Wildkräuter unterrühren, salzen. Aufkochen und auf kleiner Flamme weitere 5 Minuten köcheln lassen. Mit einem Schuss Weißwein abschmecken.

Senföle geben der Knoblauchsrauke ihren Geschmack.

Kräuter-Tomaten-Soße

1 Zwiebel, 1–2 Knoblauchzehen, Öl, 2 Möhren, 2 Tassen (z. B. Dost, Knoblauchrauke, Schafgarbe, Nelkenwurz, Wegerich) 2 Tomaten, Tomatenmark, Salz, Pfeffer, Paprika

Zwiebel und Knoblauch fein hacken und in Öl andünsten. Die Möhren raspeln und dazugeben. Die Kräuter zufügen und mit etwas Wasser aufgießen. So lange köcheln, bis die Möhren gar sind. Die Tomaten heiß überbrühen, schälen und würfeln und mit in die Soße geben. Mit Tomatenmark, Salz, Pfeffer und Paprika abschmecken.

Die Oberfläche des Pestos mit einer Schicht Öl bedecken, so hält es sich einige Zeit im Kühlschrank.

Der Bärlauch, eigent sich auch gut als Gemüse.

Wildes Pesto

40 g Sonnenblumenkerne, 50 g Wildkräuter (z. B. Bärlauch, Giersch), 1 Knoblauchzehe, Salz, 10 EL Olivenöl, 40 g Parmesan

Sonnenblumenkerne in einer Pfanne ohne Fett vorsichtig rösten, herausnehmen und abkühlen lassen. Kräuter waschen, trocken schütteln und harte Stiele entfernen. 1 Knoblauchzehe schälen und mit etwas Salz und den Sonnenblumenkernen in einem Mörser zerstoßen. Kräuter dazu geben und zerreiben und Olivenöl hineinfließen lassen, bis die Masse sämig ist, dann mit Salz abschmecken. Je nach Ernährungsform noch 40 g Parmesan unterheben.

Salate

Knackige Salate erhalten durch Wildkräuter kräftige Farbtupfer und einen aromatischen Geschmack mit einer extra Vitaminbombe.

Bunter Nudelsalat

250 g Nudeln, 1 Apfel, 3 saure Gurken, 2 hart gekochte Eier, 2 Handvoll Kräuter (z. B. Knoblauchrauke, Sauerampfer, Taubnessel, Giersch, Gundermann, Wilder Majoran, Maiwipfel von Fichte/Tanne), 1 Zwiebel, 150 g Joghurt, 100 g Sahne, 1 EL Essig, Salz, Honig

Die Nudeln in Salzwasser bissfest kochen und abgießen. Den Apfel, die sauren Gurken und die Eier in Würfel schneiden. Die Kräuter waschen, sehr fein hacken und mit den gekochten Nudeln vermischen. Die Zwiebel grob hacken und mit dem Joghurt pürieren. Sahne und Essig hinzufügen. Mit Salz und Honig kräftig abschmecken und unter die Nudel-Kräuter-Mischung rühren.

Das zarte Wiesenschaumkraut schmeckt ganz schön scharf.

Wildkräuter also Hauptzutat oder Gewürz bringen Geschmack in jeden Salat.

Käsesalat Blätterwald

1 Zwiebel, 1 Tasse fein gehackte, sehr junge Blätter (z. B. Eiche, Birke, Buche), 200 g Gouda oder Emmentaler. Für die Marinade: Saft von 1–2 Zitronen, 1 EL Öl, etwas Apfelsaft, Salz, Honig oder Zucker

Die Zwiebel in dünne Ringe schneiden, den Käse würfeln und alle zusammen mit den Blättern in eine Schüssel geben. Die Zutaten für die Marinade verrühren und über den Salat geben. Gut durchmischen und etwas ziehen lassen.

Wildkräuter-Taboulé

250 g Couscous, Salz, 3 EL Zitronensaft, 3 EL Olivenöl, 2 Tomaten, 1 kleine Salatgurke, 1 gelbe Paprika, 1 Handvoll Giersch, 10 Gundermann-Blätter

Couscous in einer Schüssel mit 250 ml Wasser, Salz, Zitronensaft und Olivenöl mischen und abgedeckt ca. 2 Stunden ziehen lassen. Gemüse in feine Würfel schneiden. Giersch- und Gundermann-Blätter von den Stielen zupfen und grob hacken. Wenn der Couscous fertig gezogen ist, das Gemüse und die Kräuter untermischen und nach Wunsch abschmecken.

Junge Buchenblätter haben ein zitronig-frisches Aroma.

Junge Blätter und Fichtentriebe für unseren „Blätterwald"-Salat.

Wildpflanzengerichte am Lagerfeuer zubereitet – ein besonderer Genuss für alle Sinne!

Hauptspeisen

Gerichte zum Sattessen – hier sind die Arten gefragt, die auch in größeren Mengen verzehrt werden können. Bestandsschutz ist beim Sammeln aber immer wichtig für die Insekten und das Aussamen der Pflanzen.

Wildgemüse-Gratin

1 kg Wildgemüse (eine Art oder gemischt, z. B. Melde, Brennnessel, Giersch), 30 g Butter, 100 g gehackte Zwiebel, 250 ml Gemüsebrühe, 2 TL Grünkernmehl (oder anderes Mehl), 2 EL fein gehackte Kräuter (z. B. Gundermann, Taubnessel, Schnittlauch u. a.), Salz, etwas Zitronensaft, 200 g geriebener Gouda, 6 Eier

Das Wildgemüse waschen und in grobe Streifen schneiden. Die Butter schmelzen und die Zwiebel darin dünsten. Wildgemüse dazugeben, mit der Gemüsebrühe aufgießen und ca. 8 Minuten im geschlossenen Topf bei milder Hitze garen. Zum Abbinden der Flüssigkeit das Mehl darüber streuen. Die gehackten Kräuter zugeben und mit Salz und Zitronensaft abschmecken.

Das Gemüse in eine Auflaufform geben. Die Eier verquirlen und darüber gießen, dann mit dem geriebenen Gouda bestreuen. Ca. 15 Minuten bei 200 °C im Backofen überbacken.

Tomaten-Wildgemüse-Nudeln

1 kg Wildgemüse nach Jahreszeit, 2–4 Tomaten, 40 g Butter, 500 g Nudeln, 300 g Sahne, 1–2 EL Senf, Salz, Pfeffer, frisch geriebener Parmesan

Das Wildgemüse waschen, die Blätter von den Stielen trennen und in Streifen schneiden. Die Tomaten würfeln. Die Butter in eine heiße Pfanne geben, das Gemüse darin andünsten und bei geschlossenem Deckel etwa 8–10 Minuten garen. Die Nudeln in einem großen Topf mit sprudelndem Salzwasser al dente kochen, abgießen und gut abtropfen lassen. Die Sahne mit dem Senf verrühren und aufschlagen, mit etwas Salz und Pfeffer würzen. Wenn das Wildgemüse zusammengefallen ist, die Senfsahne hinzugeben und etwa 3–5 Minuten leicht köcheln. Dann die Tomaten dazugeben und alles nochmals zugedeckt etwa 5 Minuten garen. Die Nudeln zur Soße geben, alles gut vermischen und mit frisch geriebenem Parmesan servieren.

Melde-Reis

2 Tassen Meldesamen, 125 ml Gemüsebrühe, 2 Knoblauchzehen, Öl, Schnittlauch in Röllchen geschnitten, Salz, Pfeffer

Die Meldesamen in einer Müslimühle grob mahlen oder in einem Granitmörser zerstoßen. Langsam in die kochende Gemüsebrühe geben und kurz aufkochen. Die Knoblauchzehen hacken und dazugeben. Bei niedriger Temperatur köcheln lassen, bis ein dicklicher Brei entsteht. Etwas Öl und die Schnittlauchröllchen hinzugeben. Mit Salz und Pfeffer würzen.

Brennnessel, ein ertragreiches Wildgemüse

1 Vorspeise: Pro Person einen Maiskolben in Salzwasser garen

2 Dazu gibt es ein wildes Pesto (siehe S. 234)

3 Hauptgericht: Rote Bete mit Zwiebeln anbraten, in 20 Min. mit etwas Wasser weich garen. Mit Salz, Pfeffer und vielen frischen Wildkräutern abschmecken.

4 Dessert: Birnen in feine Spalten schneiden, in zerlassener Butter bei milder Hitze anbraten und leicht süßen.

Kuchen

Herbe und süße Wildfrüchte eignen sich hervorragend als Zutaten für leckeres, fruchtiges Gebäck, Nüsse und Samen machen die Backwaren aromatisch und knackig.

Brombeer-Pie

200 g Mehl, 10 g Hefe, 100 ml Milch, 1 EL Zucker, 2–3 EL Zwiebackbrösel, 500 g Brombeeren (oder auch Blau- oder Himbeeren), 1 Ei, 1 EL Zucker, 1 Päckchen Vanillezucker, ½ Becher saure Sahne, 2 EL süße Sahne

Aus Mehl, Hefe, Milch und Zucker einen Hefeteig herstellen und gehen lassen. Eine gefettete Pie- oder Auflaufform damit auslegen und die Ränder hochziehen. Zwiebackbrösel darüber streuen und die Brombeeren darauf verteilen. Ei, Zucker und Vanillezucker, saure und süße Sahne und Vanillezucker verquirlen und über die Brombeeren gießen. Bei 200 °C 30–40 Minuten backen.

Von der Hasel können Nüsse und Blätter genutzt werden.

Früchte und Nüsse für die wilde Küche

Obstkuchen

50 g Bucheckern, 130 g Haselnüsse, 200 g Mehl, 1 Msp. Backpulver, 250 g Margarine, 170 g Zucker, 1 TL Zimt, 1 Prise Salz, Semmelbrösel, 50 g Haselnussblättchen, 1 EL Speisestärke, 500 g wilde Früchte (z. B. Äpfel, Pflaumen, Birnen, Beeren oder Kirschen), 2 EL brauner Zucker

Bucheckern und Haselnüsse leicht anrösten und mahlen. Mehl mit Backpulver mischen und in eine Schüssel geben. Margarine, Nüsse, Zucker, Zimt und Salz dazugeben und zu groben Streuseln kneten. Eine Springform gut einfetten und mit Semmelbröseln ausstreuen, damit der Kuchen sich leichter aus der Form löst. Drei Viertel der Streusel in die gefettete Form geben. Gleichmäßig auf dem Boden und dem Rand verteilen und gut andrücken. Haselnussblättchen auf den Teig geben und die Speisestärke darüber sieben.

Das Obst je nach Sorte in Scheiben schneiden oder halbieren, mit dem braunen Zucker bestreuen und durchrühren. Obst auf dem Tortenboden verteilen, restliche Streusel gleichmäßig darüberstreuen. Bei 180 °C (Ober-/Unterhitze) ca. 50 Minuten backen.

Wilde Früchte schmecken viel intensiver als gezüchtete.

1 + 2 Wildfrüchte im Kuchen sind ein Genuss – egal, ob man einen großen oder viele kleine backt.

Tee und Kaffee

Für Tee kann man Pflanzenteile im Sommer frisch verwenden. Will man einen Vorrat für den Herbst oder Winter anlegen, muss man die Pflanzen wie auf Seite 246 beschrieben trocknen. Für Kaffeeersatz verwendet man oft die Wurzeln bitterer Kräuter.

Von der Brombeere kann man nicht nur die Früchte verwenden.

Sommerblütentee

Blüten von Rot- und Weißklee, Taubnessel, Rose, Mädesüß, Wiesen-Labkraut, Echtem Labkraut, Linde, Schwarzem Holunder sowie Blätter von Schwarzer Johannisbeere, Brombeere, Himbeere – alle getrocknet

Für einen Tee jeweils 2 Teile Blüten mit einem Teil Blätter mischen und 2 Teelöffel der Mischung mit 250 ml kochendem Wasser aufbrühen. 7 Minuten ziehen lassen.

Blättertee

5 Teile Brombeerblätter, 5 Teile Himbeerblätter, 1 Teil Erdbeerblätter, 2 Teile Schwarze Johannisbeerblätter – alle getrocknet

Die Blätter mischen und pro Tasse 1–2 Teelöffel der Mischung mit kochendem Wasser übergießen und 5 Minuten ziehen lassen.

Holunderblüten nie waschen, denn im Blütenstaub steckt das Aroma.

1 Aus Löwenzahnwurzeln kann man einen leckeren Kaffee-Ersatz herstellen.

2 Die Wurzeln werden in feine Scheiben geschnitten, getrocknet und geröstet.

3 Der Wurzelkaffee wird gemahlen und wie normaler Kaffee aufgebrüht.

Eichelkaffee

Eicheln schälen und die braune Haut entfernen. In kaltes Wasser geben und 24 Stunden lang stehen lassen. Abgießen und noch zwei- bis dreimal mit kaltem Wasser abspülen. Die Eicheln hacken und in einer Pfanne ohne Öl bei milder Hitze rösten, bis sie dunkelbraun sind. Auf einem mit Butterbrotpapier ausgelegten Backblech ausbreiten und noch einige Tage an einem warmen Ort nachtrocknen lassen. Anschließend in ein Glas füllen. Die benötigte Menge Eicheln mahlen oder mörsern und wie Kaffee aufbrühen.

WILDPFLANZEN AUF — VORRAT

Die wenigsten Wildpflanzen stehen uns das ganze Jahr über zur Verfügung, dafür gibt es sie in manchen Monaten im Überfluss. Darum ist es schön, sich gerade für den Winter einen kleinen Vorrat anzulegen. Dafür gibt es verschiedene Methoden, die wilden Schätze aus der Natur haltbar zu machen.

Viele Zubereitungs- oder Konservierungsarten lassen sich auf die unterschiedlichsten Pflanzen anwenden. Daher geben wir hier ein kleiner Überblick über die wichtigsten Verarbeitungstechniken. Wichtig beim Haltbarmachen ist immer das saubere Arbeiten. Gläser, Flaschen und andere Küchenwerkzeuge sollten vor der Verwendung sterilisiert werden. Außerdem ist es wichtig, intaktes, frisches und nicht welkes Pflanzenmaterial zu verwenden.

Sauberes Arbeiten ist beim Haltbarmachen besonders wichtig.

Trocknen

Egal ob für Tee, als Gewürz oder zur weiteren Verarbeitung, beim Trocknen von Pflanzen ist es wichtig, möglichst frisches Pflanzenmaterial zu verwenden. Welke Pflanzenteile sollten sorgfältig aussortiert werden. Wurzeln, Blätter, Blüten oder Samen, alle Pflanzenteile können zur Lagerung getrocknet werden.

Am schonendsten trocknet man Pflanzen an der Luft, dafür ist ein dunkler, luftiger und trockener Raum ideal. Hier können Kräutersträuße kopfüber aufgehängt werden. Schneller trocknen Pflanzenteile auf einem Trockengitter. Eine bessere Luftzirkulation und weniger Kontakt der Pflanzenteile zueinander beschleunigt den Trockenvorgang. Muss es einmal besonders schneller gehen, ist auch das Trocknen in einem Dörrgerät oder bei niedrigster Temperatur im Backofen möglich.

Getrocknete Pflanzen sollten kühl, trocken, dunkel und luftdicht verschlossen gelagert werden. Sie können sortenrein aufbewahrt und erst bei Zubereitung gemischt oder bereits als Mischung abgefüllt werden.

1 Kräuter immer an einem luftigen Ort trocknen.

2 Auf einem Trockengitter geht es besonders schnell.

Die Aromen vieler Wildpflanzen kann man ganz einfach in Öl konservieren.

Einlegen in Öl

Wohl eine der schnellsten und einfachsten Arten, Frühjahr und Sommer geschmacklich festzuhalten, ist es, Wildpflanzen in Öl einzulegen. Hierbei sind der eigenen Experimentierfreude wenig Grenzen gesetzt. Man gibt das gewünschte Pflanzenmaterial zusammen mit einem hochwertigen Öl in ein Schraubglas oder eine Flasche und lässt es mehrere Wochen ziehen. Dazu verwendet man nur unbeschädigtes, frisches Pflanzenmaterial. Das gesammte Pflanzenmaterial muss mit Öl bedeckt sein und darf nicht an der Oberfläche schwimmen oder herausragen. Dabei wird einerseits das Öl aromatisiert und kann später beispielsweise für besonders geschmacksintensive Dressings verwendet werden. Andererseits können auch Pflanzenteile (zum Beispiel Bärlauchknospen) für den späteren Verzehr so haltbar gemacht werden.

Legt man Johanniskrautblüten in Öl ein, erhält man das bekannte Rotöl.

Sauer einlegen

Um Wildgemüse sauer einzulegen wird als Basis ein Sud aus den Grundzutaten Essig, Zucker und Salz gekocht. Als Orientierung eignet sich ein Grundrezept aus 250 ml Weinessig, 4 EL Zucker und 2 TL Salz. Alle Zutaten zusammen aufkochen, bis sich Zucker und Salz vollständig aufgelöst haben. Dieser Sud dient zur Konservierung der eingelegten Pflanzen. Man kann frische Pflanzenteile für einige Stunden einsalzen, anschließend abspülen, in geeignete Gläser füllen und mit kochendem Essigsud übergießen. Es ist auch möglich das Wildgemüse zu garen, bevor es heiß in Gläser gefüllt und dann mit heißem Essigsud übergossen wird. Viele Blütenknospen zum Beispiel von Löwenzahn, Gänseblümchen oder Bärlauch, Fruchtstände von Spitz- oder Breitwegerich oder Fichten und Tannenspitzen sind gut für das Einlegen geeignet. Durch die Wahl des Essigs oder eine Veränderung im Verhältnis von Zucker, Salz und Essig lässt sich der Geschmack individuell variieren. Außerdem kann man Zwiebeln, Knoblauch und Gewürzen zugeben und erhält so immer wieder neue Aromen.

Man kann sehr vieles sauer einlegen – hier sind es Eschenfrüchte.

Fermentieren

Fermentieren ist eine der ältesten Konservierungsmethoden, da sie ohne Kühlen oder Erhitzen auskommt. Für milchsauer fermentierte Wildgemüse benötigt man nur das gewünschte Pflanzenmaterial, ein geeignetes Gefäß und etwas Salz. Bei dem natürlichen Gärprozess werden schädliche Bakterien abtötet und es entstehen Milchsäurebakterien, die konservierend wirken. Das Schöne am Fermentieren mit Wildpflanzen ist, dass sie eigene „gute" Mikroben mitbringen und der Fermentationsprozess dadurch ganz von alleine beginnt.

Es gibt zwei unterschiedliche Methoden (Wild-)Gemüse milchsauer zu vergären. Die Wahl der Methode hängt in erster Linie vom Wassergehalt der Pflanzen ab.

Fermentierte Kräuter und Früchte

Kartoffelsalat mit fermentiertem Knopfkrautdressing

Fermentieren in Salzlake

Bei dieser Methode werden die Pflanzenteile in Salzlake fermentiert, wie man das von Salzgurken kennt. Das Gemüse wird gewaschen und in Stücke geschnitten. Je feiner die Pflanzen geschnitten sind, desto schneller verläuft die Fermentation. Je größer die Stückchen, desto knackiger bleiben sie. Man schichtet das Gemüse in einem Gärgefäß und übergießt sie mit einer 2%igen Salzlake (20 g Salz pro Liter Wasser). Diese Lösung wird über das Gemüse gegossen.

Fermentieren im eigenen Saft

Hier fermentiert das Pflanzenmaterial im eigenen Saft, wie bei Sauerkraut. Dafür eignen sich besonders wasserreiche Kräuter. Sie werden kleingeschnitten und mit 2 % Salz (also 2 g Salz pro 100 g Kräuter) in einer Schüssel vermischt. Mit der Zeit tritt der Pflanzensaft aus. Man kann diesen Prozess beschleunigen, indem

Bei Kräuter- und Blütensalz isst auch das Auge mit.

man das Pflanzenmaterial etwas knetet. Dann schichtet man die Kräuter mit der Flüssigkeit in ein Gefäß. Dabei drückt man die Schichten mit einem Stampfer fest zusammen. Es dürfen keine Luftbläschen im Glas entstehen.

Bei beiden Methoden müssen alle Pflanzenteile von der Flüssigkeit vollständig bedeckt sein. Daher lässt man mindestens 2–3 cm Platz zum oberen Rand des Glases und der salzige Zellsaft sollte den Inhalt komplett bedecken. Es empfiehlt sich, das Ferment mit einem Gewicht zu beschweren und locker zu verschließen (es muss Gas entweichen können). Das Glas lässt man nun 5–7 Tage bei Zimmertemperatur stehen, danach lässt man das Ferment an einem kühleren Ort noch 1–2 Wochen weiter fermentieren.

Kräuter- und Blütensalz

Ein selbstgemachtes Kräuter- oder Blütensalz verfeinert nicht viele Speisen, sondern eignet sich auch als farbenfrohes Mitbringsel. Hierfür werden Salz und Kräuter oder Blüten in einem Mörser gut miteinander vermahlen. Größere Mengen können auch im Mixer hergestellt werden. Das Pflanzenmaterial kann frisch oder getrocknet verwendet werden. Wir empfehlen ein naturbelassenes, nicht jodiertes, hochwertiges Salz. Das Verhältnis von Pflanzenteilen und Salz kann ganz nach Geschmack angepasst werden. Das gemörserte Salz auf einem Teller oder Backblech ausbreiten und 1–2 Tage an einem warmen Ort ohne direkte Sonneneinstrahlung trocknen, bevor es dann in Gläser gefüllt wird.

Einkochen

Marmelade aus Wildfrüchten oder mit Blüten aromatisierte Marmelade oder Gelees sind eine tolle Möglichkeit, etwas Wildes in den Speiseplan zu bringen und ermöglichen ein vorsichtiges Herantasten an die Wildpflanzenküche. Bei Marmelade sorgen der Zucker und das heiße Abfüllen für die Konservierung der Früchte. Es gibt speziellen Gelierzucker, eine Mischung aus Zucker und Geliermitteln, in der Regel Pektin. Hiermit gelingt schnell eine feste Konsistenz der Marmelade. Wer keinen Wert auf eine feste Konsistenz der Marmelade legt, kann auch normalen Zucker verwenden. Die Zugabe von besonders pektinhaltigem Obst (z. B. Äpfeln), kann die Konsistenz der Marmelade verbessern. Das Verhältnis von Obst zu Zucker kann zwischen 1:1 und 3:1 variieren. Bei der Reduzierung der Zuckermenge kann die Zugabe von Zitronensaft die Konservierung unterstützen.

Holundergelee

Grundrezept für Marmelade: 500 g Früchte werden mit 250 g Zucker und 2–3 El Zitronensaft gekocht, bis die gewünschte Konsistenz erreicht ist und kochend heiß in sterilisierte Gläser gefüllt. Die Gläser kopfüber auf den Deckel stellen bis sie vollständig abgekühlt sind.

Grundrezept für Gelee: Blüten werden mit Fruchtsaft übergossen und über Nacht ziehen gelassen. Anschließend wird der Blütensaft aufgekocht und die Blüten abgeseiht. Mit der gewünschten Menge Zucker mischen, nochmals aufkochen und heiß abfüllen. Bei der Verwendung von Blüten in der Küche werden diese möglichst nicht gewaschen, sondern nur vorsichtig von Hand von Schmutz oder kleinen Lebewesen befreit. Beim Waschen werden Blütenpollen abgespült und es gehen wichtige Aromen verloren.

Ein paar Worte zur Taxonomie

Die Brennnessel ist hierzulande den meisten bekannt. Doch wer kennt eigentlich die Donnernessel, den Krauskopf oder das Feuerkraut? Das alles sind regionale Bezeichnungen für eben diese Pflanze. Genauso kann ein und derselbe deutsche Name in verschiedenen Regionen eine völlig andere Pflanze meinen.

Klassifikationsschema

Aktuell werden über 300.000 Arten von Pflanzen unterschieden und es werden beständig neue erforscht. Um diese Vielfalt des Pflanzenreichs übersichtlich darzustellen, ordnet man diese in ein einheitliches Klassifikationsschema ein. Dieses System hilft dabei den internationalen Austausch in der wissenschaftlichen Arbeit zu erleichtern, da es eine gemeinsame Arbeitsgrundlage schafft. Zu diesem Zweck werden die Pflanzen anhand ihrer Eigenschaften in systematische Einheiten (Taxa) unterteilt. Diese werden dann in einem System von hierarchisch abgestuften Rangstufen (Taxonomie) angeordnet. Die wichtigsten Rangstufen sind Art, Gattung, Familie, Ordnung, Klasse und Abteilung. Eine **Art** bilden dabei Pflanzen, die sich in wesentlichen, erblich konstanten Eigenschaften gleichen. Arten die ihrerseits wieder mehrere gemeinsame Merkmale aufweisen, werden zu einer **Gattung** zusammengefasst. Mehrere Gattungen mit ähnlichen Eigenschaften bilden eine **Familie**. So wird in der Systematik nach oben weiter verfahren.

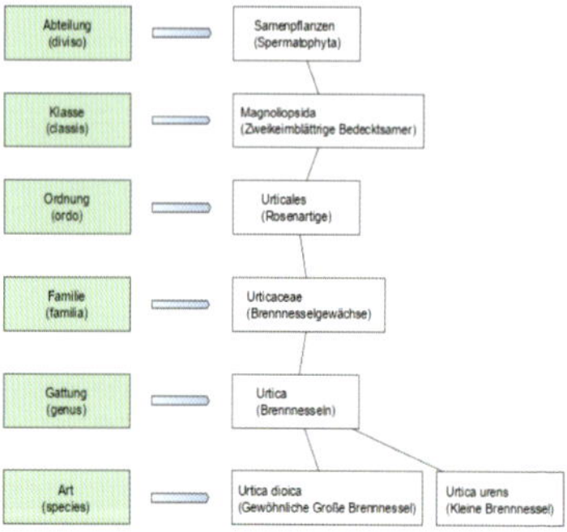

Einteilung nach Artikel 1–5 des ICBN (Internationale Code der botanischen Nomenklatur) – Hauptrangstufen

Systematik im Wandel

Im Jahre 1753 hat *Carl von Linné* die binäre Nomenklatur eingeführt, nach der aktuell Gattung und Art einer Pflanze benannt werden. Der erste Name (großgeschrieben) gibt die Gattung an, während der zweite Name (kleingeschrieben) die Art benennt.

Aber auch bei den wissenschaftlichen Pflanzenbezeichnungen kann es zu Verwirrungen kommen, da für ein und dieselbe Pflanze mehrere lateinische Namen existieren. Außerdem gibt es für dieselbe Pflanze unterschiedliche Einordnungen, zum Beispiel in Bezug auf die Familienzugehörigkeit. Dies ist der historischen Entwicklung geschuldet. So wurden in der Antike die Pflanzen nach ihrer Wuchsform oder Wirkungsweise unterteilt. Mit der Weiterentwicklung der Wissenschaft traten neue Kriterien in den Fokus. So ordnete *Carl von Linné* sein System nach den Geschlechtsmerkmalen der Pflanzen. Mit der Entwicklung neuer Untersuchungsmethoden (Phytochemie, Pollenanalyse, etc.) wurden immer wieder neue Klassifikationssysteme geschaffen. Das aktuellste System der *Angiosperm Phylogeny Group* (APG IV) ordnet die Pflanzen auf Grundlage von molekulargenetischen Daten. Ziel ist, die Pflanzen nach ihren verwandtschaftlichen Beziehungen einzuordnen. Aber auch dieses System ist noch nicht abgeschlossen und in ständiger Veränderung.

Bärlauch und Schnittlauch gehören beide zur Gattung Allium.

Es gibt also nicht ein allein gültiges Klassifikationsschema, sondern mehrere Ansätze die parallel existieren. Aktuellen Publikationen und Nachschlagewerken liegen somit unterschiedliche Klassifikationen zugrunde. Die aktuellsten wissenschaftlichen Erkenntnisse werden dabei zu verschiedenen Anteilen übernommen. Aufgrund seiner Praxisnähe liegt diesem Buch die Zuordnung nach Zander – *Handwörterbuch der Pflanzennamen* in der 19. Auflage zugrunde.

Liste der Giftpflanzen

Die offizielle Liste giftiger Pflanzen des Bundesministeriums der Justiz und für Verbrauchersicherheit vom 02. Juli 2021 (BAnz AT 02.07.2021 B4). Die Liste des Bundesministeriums enthält keine Auflistung aller giftigen Pflanzen, sondern gibt einen Überblick über die relevanten heimischen, bzw. kultivierten Giftpflanzen in Deutschland.

Deutscher Name*	Botanischer Name	Wichtigste Inhaltsstoffe	Vorwiegend giftige Pflanzenteile	Kategorie
Blauer Eisenhut, Tauern-Eisenhut, Wolfs-Eisenhut, Gelber Eisenhut	*Aconitum napellus, A. tauricum, A. lycococtonum*	Aconitin, Mesaconitin, Lycotonin	Alle	3
Gefleckter Aronstab	*Arum maculatum*	Oxalate, Aronin, Triglochinin, Aroin, Saponine	Alle	2
Seidenpflanze	*Asclepias* spec.	Asclepin, Afrosid, Asclepiadin, Frugosid, Coroglaucigenin	Milchsaft, Wurzel	2
Tollkirsche	*Atropa belladonna*	Atropin, Scopolamin	Alle	3
Engelstrompete	*Brugmansia suaveolens*	Atropin, Scopolamin	Alle	3
Weiße Zaunrübe, Rote Zaunrübe	*Bryonia alba, B. dioica*	Bryonin, Brydiofin, Cucurbitacine	Rhizom, Wurzel, Früchte	2
Schöllkraut	*Chelidonium majus*	Chelidonin, Chelerythrin, Coptisin, Sanguinarin, Berberin	Alle	2
Wasserschierling	*Cicuta virosa*	Cicutoxin, Aethusin, Coniin, Cicutol	Blätter, Wurzel	3
Herbstzeitlose	*Colchicum autumnale*	Colchicin	Alle	3
Gefleckter Schierling	*Conium maculatum*	Coniin, Conicein	Alle	3
Maiglöckchen	*Convallaria majalis*	Convallatoxin, Convallasid	Blüten, Samen, Blätter	2
Zierkürbis	*Cucurbita pepo*	Cucurbitacine	Früchte	2
Gewöhnlicher Seidelbast	*Daphne mezereum*	Daphnetoxin, Mezerein	Alle	2
Stechapfel	*Datura stramonium*	Atropin, Scopolamin	Alle	3

Deutscher Name*	Botanischer Name	Wichtigste Inhaltsstoffe	Vorwiegend giftige Pflanzenteile	Kategorie
Rittersporn	*Delphinium* spec.	Delphinin, Elatin, Delcosin, Staphisin, Lycotonin	Alle	2
Diptam	*Dictamnus albus*	Bergapten, Furoquinolinalkaloide	Blätter	2
Fingerhut	*Digitalis* spec.	Digoxin, Digitoxin, Gitoxin, Lanatosid	Alle	2
Wolfsmilch: Walzenwolfsmilch, Kreuzblättrige Wolfsmilch, Leuchtende Wolfsmilch, Christusdorn, Dreikantige Wolfsmilch, Spuckpalme, Zypressenwolfsmilch	*Euphorbia* spec.: *E. myrsinites*, *E. lathyris*, *E. fulgens*, *E. millii var. splendens*, *E. trigona*, *E. leuconeura*, *E. cyparissias*	Phorbolester, Diterpene	Alle (insbesondere Milchsaft)	2
Kaiserkrone	*Fritillaria imperialis*	Imperialin, Impericin, Delavin, Ebeinon	Zwiebeln, Knollen	2
Prachtlilie, Ruhmeskrone	*Gloriosa superba*	Colchicin	Alle	3
Christrose, Nieswurz	*Helleborus* spec.	Hellebrin, Helleborin, Celliamin, Sprintillin	Alle	2
Riesen-Bärenklau, Wiesen-Bärenklau	*Heracleum mantegazzianum*, *H. sphondylium*	Methoxypsoralen, Imperiatorin	Alle	2
Schwarzes Bilsenkraut	*Hyoscyamus niger*	Atropin, Scopolamin	Alle	3
Prunkwinde	*Ipomoea* spec.	Ergolin, Ergometrin, Ergin, Lysergsäure	Alle (außer der Wurzel)	2
Stinkwacholder, Sadebaum	*Juniperus sabina*	Sabinen, Thujone	Alle	2
Goldregen	*Laburnum anagyroides*	Cytisin, Methylcytisin, Anagyrin	Alle	2
Alraune	*Mandragora officinarum*	Atropin, Scopolamin	Wurzel	2
Narzisse; Osterglocke, Dichternarzisse	*Narcissus* spec. *N. pseudonarcissus*, *N. poeticus*	Lycorin, Galanthamin	Blätter, Zwiebeln	2
Oleander	*Nerium oleander*	Oleandrin, Stropesid	Alle	2
Schlafmohn	*Papaver somniferum*	Morphin, Codein, Thebain	Milchsaft, Mohnkapseln, Blätter	2

Deutscher Name*	Botanischer Name	Wichtigste Inhaltsstoffe	Vorwiegend giftige Pflanzenteile	Kategorie
Gewöhnliche Jungfernrebe, Wilder Wein, Selbstkletternde Jungfernrebe, Dreilappige Jungfernrebe	*Parthenocissus vitacea*, *P. quinquefolia*, *P. tricuspidata*	Oxalate	Früchte	2
Gartenbohne, Feuerbohne	*Phaseolus vulgaris*, *P. coccineus*	Phasin, Linamarin	Samen, Früchte	2
Kermesbeere	*Phytolacca americana*	Phytolaccatoxin, Phytolaccoside, Betacyanine, Saponine, Lectine	Alle	2
Rhododendron, Alpenrose, Azalee	*Rhododendron* spec.	Grayanotoxine	Blätter, Blüten, Nektar	2
Behaarter Giftsumach	*Rhus toxicodendron*	Urushiole	Milchsaft, Blätter, Früchte	2
Wunderbaum	*Ricinus communis*	Ricin, Ricinin	Samen	3
Robinie, Scheinakazie	*Robinia pseudoacacia*	Robin, Phasin, L-Canavanin	Samen	2
Weinraute, Gartenraute	*Ruta graveolens*	Dictamnin, Bergapten, Rutin	Blätter, Wurzeln	2
Schwarzer Holunder	*Sambucus nigra*	Sambunigrin, Prunasin, Zierin, Holocalin	Rohe Früchte, Blätter	2
Eibe	*Taxus baccata*	Taxine, Taxole, Taxane	Alle (außer das rote Fruchtfleisch)	2
Lebensbaum	*Thuja* spec.	Thujon	Alle	2
Weißer Germer	*Veratrum album*	Protoveratrine, Jervin, Germerin	Alle	3
Blauregen, Glyzinie	*Wisteria* spec.	Lectine	Samen	2

Legende

Kategorie 3 (hohes Vergiftungsrisiko): Die Aufnahme geringer Mengen kann bei Kleinkindern schwere (potentiell lebensbedrohliche) Vergiftungen auslösen.

Kategorie 2 (mittleres Vergiftungsrisiko): Die Aufnahme geringer Mengen kann bei Kleinkindern mittelschwere Vergiftungen auslösen.

* Es sollte beachtet werden, dass deutsche Namen je nach Region unterschiedlich sein können. Hier werden nur häufig benutzte deutsche Namen genannt (vorwiegend anhand von Erhardt W, Götz E, Bödeker N et al. (2008) Der große Zander: Enzyklopädie der Pflanzennamen. Verlag Eugen Ulmer, Stuttgart).

Essbar oder giftig – auf Details achten!

Auf dieser Seite sehen Sie, wie wichtig es ist, Pflanzen, die man verwenden möchte, genau und richtig zu bestimmen. Alle diese Arten aus der Familie der Doldenblütler sehen sich extrem ähnlich. Manche, wie der Giersch, sind sehr lecker, andere, wie der Schierling, gefährlich giftig.

Essbar

Giersch
(*Aegopodium podagraria*, S. 52)

Wiesen-Kerbel
(*Anthriscus sylvestris*, S. 53)

Wald-Engelwurz
(*Angelica sylvestris*, S. 53)

Wiesen-Kümmel
(*Carum carvi*, S. 54)

Wilde Möhre
(*Daucus carota*, S. 55)

Giftig ☠

Gefleckter Schierling
(*Conium maculatum*, S. 208)

Wasserschierling
(*Cicuta virosa*, S. 207)

Hundspetersilie
(*Aethusa cynapium*, S. 207)

Großer Wasserfenchel
(*Oenanthe aquatica*)

Taumel-Kälberkropf
(*Chaerophyllum temulum*)

Übersicht der Giftnotrufzentralen und Giftinformationszentren

BVL – Liste der Giftnotrufzentralen: *www.bvl.bund.de/DE/Arbeitsbereiche/01_Lebensmittel/03_Verbraucher/09_Infektionen Intoxikationen/02_Giftnotruf zentralen/lm_LMVergiftung_giftnotrufzentralen_node.html*

Berlin: Giftnotruf Berlin (für Berlin und Brandenburg)
Giftnotruf der Charité
Universitätsmedizin Berlin,
Campus Benjamin Franklin
Hindenburgdamm 30
12203 Berlin

Telefon: 030/192 40 (Notfall)
Telefax: 030/450 569 901 (Keine Notfall-Anfragen!)
E-Mail: *giftnotruf@charite.de*
Web: *giftnotruf.charite.de*

Bonn: Informationszentrale gegen Vergiftungen (für Nordrhein-Westfalen)
Zentrum für Kinderheilkunde,
Universitätsklinikum Bonn
Venusberg-Campus 1
Geb. 30 „ELKI"
53127 Bonn

Telefon: 0228/192 40
Telefax: 0228/287 332 78
oder 0228/287 333 14
E-Mail: *gizbn@ukbonn.de*
Web: *www.meb.uni-bonn.de/giftzentrale*

Erfurt: Giftinformationszentrum (für Mecklenburg-Vorpommern, Sachsen, Sachsen-Anhalt und Thüringen)
Gemeinsames Giftinformationszentrum der Länder
Mecklenburg-Vorpommern,
Sachsen, Sachsen-Anhalt und Thüringen,
c/o HELIOS Klinikum Erfurt
Nordhäuser Straße 74
99089 Erfurt

Telefon: 0361/730 730
Telefax: 0361/730 7317
E-Mail: *ggiz@ggiz-erfurt.de*
Web: *www.ggiz-erfurt.de*

Freiburg: Vergiftungs-Informations-Zentrale (für Baden-Württemberg)
Zentrum für Kinder- und Jugendmedizin,
Universitätsklinikum Freiburg
Breisacher Straße 86b
79110 Freiburg

Telefon: 0761/192 40
Telefax: 0761/270 445 70
E-Mail: *giftinfo@uniklinik-freiburg.de*
Web: *www.giftberatung.de*

Göttingen: Giftinformations-zentrum-Nord (für Niedersachsen, Bremen, Hamburg und Schleswig-Holstein)
Universitätsmedizin Göttingen, Georg-August-Universität
Robert-Koch-Straße 40
37075 Göttingen

Telefon: 0551/192 40 (jedermann) und 0551/383 180 (Fachleute)
Telefax: 0551/383 1881
E-Mail: *giznord@giz-nord.de*
Web: *www.giz-nord.de*

München: Giftnotruf (für Bayern)
Klinik rechts der Isar der Technischen Universität München
Ismaninger Straße 22
81675 München

Telefon: 089/192 40
Telefax: 089/414 047 89
E-Mail: *tox@mri.tum.de*
Web: *toxikologie.mri.tum.de/de/giftnotruf-muenchen*

Österreich, Wien: Vergiftungs-informationszentrale
Gesundheit Österreich GmbH,
AKH Leitst elle 6 Q
Stubenring 6
A-1010 Wien

Telefon, Notruf: +43 140 643 43 (Notruf) oder +43 140 668 98 (Allgemeine Beratung)
Telefax: +43 140 668 9821
E-Mail: *viz@goeg.at*
Web: *goeg.at/Vergiftungsinformation*

Schweiz, Zürich: Schweizerisches Toxikologisches Informations-zentrum (STIZ)
Tox Info Suisse
Freiestrasse 16
CH-8032 Zürich

Telefon: +41 442 515 151 (Notruf) oder +41 442 516 666 (Allgemeine Anfragen)
Telefax: +41 442 528 833
E-Mail: *info@toxi.ch*
Web: *www.toxi.ch*

International
Eine Liste der europäischen bzw. internationalen Giftberatungsstellen ist bei der European Association of Poisons Centers and Clinical Toxicologists (EAPCCT) zu finden: *www.eapcct.org/index.php?page=links*

Register

Wegen des Umfangs des Registers wurden zweiteilige deutsche Namen nur einmal, und zwar mit vorgestelltem Gattungsnamen aufgeführt. So ist z. B. der »Krause Ampfer« unter »Ampfer, Krauser« zu suchen.

Bildnachweis

Zeichnungen
Paschalis Dougalis/Kosmos (82), Marianne Golte-Bechtle/Kosmos (398), Sigrid Haag/Kosmos (48), Reinhild Hofmann/Kosmos (23), Gerhard Kohnle/Kosmos (18), Kirsten Rust (1), Walter Söllner/Kosmos (2), Roland Spohn/Kosmos (170) und 6 Symbole von Wolfgang Lang.

Fotografien
Adobe Stock 245, Anro/Hecker 74uL, David Anstiss/Hecker 33oZ, 33oH, Christa Bastgen 239 (alle 4), 240, 247, 249 beide, Michael Becker/Hecker 161uL, Heiko Bellmann/ Hecker 27uH, 31oH, 33uH, 34uH, 35oH, 38uL, 38uH, 41uH, 42uH, 43uL, 45oZ, 47oH, 53oH, 57H, 59uH, 63uH, 64uL, 65oH, 68uH, 70oH, 73uH, 74oH, 75oH, 75uH, 76uH, 79uH, 88oH, 92uH, 93uH, 94oH, 96oH, 96uH, 103oH, 104oH, 105oH, 108uH, 109oH, 109uH, 115oH, 116uH, 126oH, 128uH, 130oH, 133uH, 134oH, 135oH, 137uL, 136oH, 136uH, 138uH, 140oH, 142H, 144oH, 144oZ, 144uH, 153oH, 154uH, 158uH, 159uH, 174uH, 184oL, 186H, 187uH, 188H, 190uL, 190uH, 192uL, 193H, 196oH, 204oH, 205L, 209uH, 211uH, 212oL, 212oH, 213uL, 214oH, 215oH, 216uL, 216uH, 220oH, 221H, 224oH, 253, Andrew Dunn/Hecker 183uL, G. Franz/Hecker 130oL, Michael Hassler/Hecker 19oL, 19oH, 25uL, 25uH, 28uL, 29oL, 30oL, 30oH, 30uL, 31uL, 31uH, 34oL, 34oH, 34uL, 35oL, 35uL, 35uH, 37uZ, 37uL, 37uH, 39L, 43oH, 45oL, 45uL, 45uH, 46uL, 46uH, 47oL, 48uH, 53oL, 54oH, 54oL, 59oL, 59oH, 62oL, 64uH, 65uL, 66H, 68uL, 69uL, 69uH, 74uH, 75oL, 75uL, 76oL, 76oH, 79uL, 83uL, 83uH, 87oH, 88oL, 88uL, 88uH, 92uL, 94oL, 95oL, 95uL, 96uL, 97oL, 97uL, 97oH, 97uH, 98uL, 98uH, 101L, 101H, 102oL, 102uL, 102uH, 104uL, 104uH, 105oL, 106oH, 107oH, 108uL, 110oL, 110oH, 112uL, 113uL, 115oL, 115uL, 115uZ, 116oL, 116uL, 116oH, 125oH, 125uH, 131L, 133uL, 135oL, 138oL, 138uL, 139oL, 139oH, 143oL, 143uL, 143oH, 151oL, 151oH, 154uL, 154uH, 161oL, 163L, 163H, 164oL, 164uH, 169oL, 169oH, 172L, 180oH, 181oL, 181uL, 181oH, 181uH, 183oL, 183oH, 193L, 195L, 196uL, 207oH, 216oL, Frank Hecker 2, 14, 16/17, 19uL, 19uH, 19uZ, 20oL, 20oH, 20uL, 20uH, 21L, 21H, 24L, 24H, 25oL, 25oH, 26L, 26H, 27oL, 27oH, 27uL, 27uZ, 29oZ, 29oH, 29uL, 29uH, 30uH, 31oL, 32L, 33uL, 37oL, 37oH, 38oL, 38oH, 39H, 40oL, 40oH, 40uL, 40uH, 41oZ, 41oL, 41oH, 41uL, 42oL, 42oH, 42uL, 43oL, 43uH, 45oH, 46oL, 46oH, 47uL, 47uH, 47uZ, 48oL, 48oH, 49oL, 49oH, 49uL, 49uH, 52L, 52H, 53uL, 53uH, 54uZ, 54uL, 54uH, 55oL, 55uL, 55oH, 55uH, 56oL, 56uL, 56oH, 56uH, 57L, 58oL, 58uL, 58oH, 58oZ, 58uH, 59uL, 62uL, 62uH, 63uZ, 63oL, 63uL, 63oH, , 64oL, 64oH, 65oL, 65uH, 66L, 68oL, 68oH, 69oL, 69oH, 70oL, 70uL, 70uH, 71oH, 71uL, 71uH, 72L, 72H, 73oL, 73oH, 73uL, 74oL, 75uK, 76uL, 77oL, 77oH, 77uL, 77uH, 78oL, 78oH, 78uL, 78uH, 79oL, 79oH, 82oL, 82oH, 82oZ, 82uL, 82uH, 83oL, 83oH, 84H, 84L, 86L, 86H, 87uL, 87uH, 89Z, 92oL, 92oH, 93oL, 93uL, 93oH, 94uL, 94uH, 95oH, 95uH, 96oL, 99oL, 99uL, 98oH, 99oH, 99uH, 100oL, 100uL, 100oH, 100uH, 102oZ, 102oH, 103oL, 103uL, 103uH, 104oL, 105uL, 105uH, 106oL, 106uL, 106uH, 107uL, 107uH, 108oL, 108oH, 109oL, 109uL, 110uL, 111L, 110uH,

111H, 112oH, 112oL, 112uH, 113oL, 113oH, 113uH, 117oL, 117uL, 117oH, 117uH, 118L, 118Z, 118H, 119oL, 119uL, 119oH, 119uH, 121L, 121H, 122L, 122H, 123oL, 123uL, 123oH, 123uH, 125oL, 126oL, 126uL, 126uH, 127oL, 127uL, 127oH, 127uH, 128uL, 129oH, 130uL, 130uH, 131H, 132oL, 132uL, 132oH, 132uH, 133oL, 133oH, 134oL, 134uL, 134uH, 135uL, 135uH, 136oL, 136uL, 137oL, 137oH, 137uH, 138oH, 139uH, 139uL, 140oL, 140uL, 140uH, 142L, 143uH, 144oL, 144uL, 145L, 145H, 147oL, 147uL, 147oH, 147uH, 148L, 148H, 149oL, 149uL, 149oH, 149uH, 151uL, 151uH, 152L, 152H, 153oL, 153uL, 153uH, 154uL, 155uZ, 155oL, 155uL, 155oH, 155uH, 156/157, 158oL, 158uL, 158oH, 159uL, 159oH, 160oL, 160uL, 160oH, 160uH, 161oH, 161uH, 162oL, 162uL, 162uH, 165oL, 165uL, 164oH, 165oH, 165uH, 166L, 166H, 167H, 167L, 168L, 168H, 169uL, 169uZ, 169uH, 170oL, 170uL, 170oH, 170uH, 171H, 171L, 172H, 173oL, 173uL, 173oH, 173uH, 174oL, 174uL, 174oH, 175L, 175H, 176Z, 176L, 176H, 177oL, 177uL, 177oH, 177uH, 177uZ, 178oL, 178oH, 178uH, 179oL, 179uL, 179oH, 179uH, 180oL, 180uL, 180uH, 182L, 182H, 182uH, 184uL, 184oH, 184uH, 185L, 185H, 186L, 187oL, 187uL, 187oH, 188L, 189oH, 189uH, 190oL, 190oH, 191oL, 191uL, 191oH, 191uH, 192oL, 192oH, 192uH, 194oL, 194uL, 194oH, 194uH, 195H, 196oL, 196uH, 196uZ, 197L, 197H, 198uL, 198oL, 198oH, 198uH, 199oL, 199uL, 199oH, 199uH, 200, 203, 204oL, 204uL, 204uH, 205H, 206oL, 206uL, 206oH, 206uH, 207oL, 207uL, 207oZ, 207uH, 208oL, 208uL, 208oH, 208uH, 209oL, 209oH, 209uL, 210L, 210H, 211oL, 211uL, 211oH, 212uL, 212uH, 213oL, 213oH, 213uH, 214oL, 214uL, 214uH, 215oL, 215uL, 215uH, 216oH, 217L, 217H, 218oL, 218uL, 218oH, 218uH, 219oL, 219uL, 219oZ, 219oH, 219uH, 220oL, 220uL, 220uH, 221L, 222L, 222H, 223L, 223H, 224oL, 224uL, 224uH, 225H, 225L,226oL, 226uL, 226oH, 226uH, 227H, 228, 231, 232, 233, 234, 235, 236, 241 beide, 243 (alle 3), 244, 246 beide, 248, 251, 252, **A. Jagel/Hecker** 28uH, 28uZ, 45uZ, 87oL, 125uL, **Kesule/Hecker** 159oL, **R. König/ Hecker** 54oZ, 128oL, **Werner und Kerstin Layer/Hecker** 62oH, **R. Linke/Hecker** 189uL, **Minsk/Hecker** 71oL, **McPHOTO/H.-R. Müller/Hecker** 162oH, **Olivier Pichard/Hecker** 28oL, 28oH, **Rasback/Hecker** 62oZ, **Sauer/Hecker** 32H, **Hermann Schachner/Hecker** 107oL, **H. Schmidbauer/Hecker** 189oL, **Ingo Schulz/Hecker** 89H, **Spaans/Hecker** 48oL, **Horst Stücker/Hecker** 98oL, **Frank Teigler/Hecker** 227L, **Matti Virtala/Hecker** 115uH, **Vorzinek/Hecker** 33oH, **K. Wagner/Hecker** 164uL, **I. Weber/Hecker** 89L, 178uL, **Rust** 250, **Shutterstock** 245, **Westermeier** 237. **Hintere Klappe**: Fotos von **Heiko Bellmann** (Wiesenschaumkraut), **Frank Hecker** (Knoblauchsrauke, Fingerkraut, Schlangenknöterich, Dost, Buchweizen), **Peter Schönfelder** (Bärlauch), **shutterstock** (Kohl © makalex69, Himbeere © giedre vaitekune, Zwiebel © SIM ONE, Lippenblülter © stockcreations). Alle Grafiken von **Wolfgang Lang**.

H = Hauptmotiv, L = Lebensraum bzw. Motiv in der Randspalte, Z = Zusätzliches Motiv (meist ein Detail), o = oben, u = unten

Die KOSMOS-Erklärfilme

FOLGEN SIE UNS RAUS in die Natur und lassen Sie sich von Jan Haft die Arbeitsweise mit unserem Naturführer erklären.

IN WEITEREN FILMEN erfahren Sie von ihm Hintergrundinformationen zu den Insekten. Danach ist es für Sie noch einfacher, mit unserem Naturführer die Tiere richtig zu bestimmen.

JAN HAFT,
der Naturfilmer, lebte schon im Alter von sieben Jahren mit zahlreichen Tieren zusammen. Mit 12 Jahren drehte er seinen ersten Tierfilm.

KOSMOS PLUS

MIT DER KOSMOS-PLUS-APP GANZ EINFACH DIE KOSMOS-ERKLÄRFILME ANSCHAUEN.

UND SO GEHT'S:

1. Besuchen Sie im Internet den App Store oder Google Play und laden Sie sich die kostenlose KOSMOS-PLUS-APP auf Ihr Mobilgerät.
2. Öffnen Sie die App, gehen Sie zum Buch „Welcher Baum ist das?" und schalten Sie mit dem Code **Heidelbeere** die Inhalte frei. Nun können Sie die Erklärfilme laden.
3. Geben Sie die im Buch angegebenen dreistelligen Codes 999 in der App ein – nun können Sie sich die Erklärfilme anschauen.

Weitere Informationen finden Sie unter **plus.kosmos.de**

NABU
Macht Spaß. Macht Sinn.
Die Natur schützen mit dem NABU. Mach mit!
www.NABU.de/aktiv

Die Autoren

Berko Schröder und **Christa Bastgen** sind seit vielen Jahren mit der Natur- und Wildnisschule Teutoburger Wald verbunden. Hier geben sie ihre Liebe zur Natur, ihr Pflanzenwissen und auch andere Fähig- und Fertigkeiten für ein einfaches Leben in und mit der Natur an Interessierte weiter. In ihrem Lehrgang »Pflanzen Intensiv« begleiten sie Kursteilnehmer durch das Pflanzenjahr und stellten über die Jahre fest, das Anfänger immer wieder die gleichen Fragen stellen und ähnliche Ängste in der praktischen Anwendung haben. Davon inspiriert ist dieses Buch entstanden. Unterstützt wurden sie dabei von **Stefanie Zurlutter**, die ebenfalls gemeinsam mit Berko Schröder Seminare zu verschiedenen Pflanzenfamilien durchführt.

Impressum

Mit 717 Fotos und 757 Zeichnungen (siehe Bildnachweis Seite 268/269).

Umschlaggestaltung: Claudia Adam Graphik Design, Bad Kreuznach, unter Verwendung eines Fotos von AdobeStock (Richard Semik – Bärlauch) und einer Zeichnung von shutterstock (helena-art – Bärlauch).

Unser gesamtes lieferbares Programm und viele weitere Informationen zu unseren Büchern, Spielen, Experimentierkästen, DVDs, Autoren und Aktivitäten finden Sie unter **kosmos.de**

Gedruckt auf chlorfrei gebleichtem Papier

FSC www.fsc.org MIX Papier | Fördert gute Waldnutzung FSC® C023164

ISBN: 978-3-440-17999-4
Projektleitung: Claudia Salata
Lektorat und Bildredaktion: Barbara Kiesewetter, Redaktionsbüro, München
Produktion: Markus Schärtlein
Grundlayout: eStudio Calamar
Klappengestaltung & Extra-Teil: Claudia Adam Graphik Design, Bad Kreuznach
Druck und Bindung: Longo AG, Bozen
Printed in Italy/Imprimé en Italie